Das elektrische ABC

Ein Ratgeber fürs Haus

Von

Dr.-Jng. Herbert F. Mueller

M. Krayn, Technischer Verlag G. m. b. H.
Berlin 1930

Inhalt

Druck der Deutschen Verlags-Anstalt in Stuttgart

Vorwort

Wir leben im „Zeitalter der Technik" und sind – vielleicht mit gewissen Einschränkungen – stolz darauf. Wir spotten über unsere Vorfahren, ihre Postkutschen, Ölfunzeln, Mühlräder. Herrlich weit haben „wir" es gebracht: ein Druck auf den Knopf, ein Handgriff am Schalter ... „Wir" sind wirklich stolz darauf. Das ist gut so und soll so sein. Aber – was haben denn „wir" für einen Anteil an dem allen? Was haben denn „wir" dazu getan? – Nichts, als daß wir gerade jetzt leben – allenfalls noch, daß unser Volk einen recht erheblichen Prozentsatz derer, die dem technischen Zeitalter sein Gesicht gaben und noch geben, hervorgebracht hat.

Es ist nun freilich keineswegs zu wünschen, daß jeder von uns bestrebt wäre, seinen Namen in den schon viel zu umfangreichen Listen des Reichspatentamtes verewigt zu finden. Aber:

„Was du ererbt von deinen Vätern hast,
Erwirb es, um es zu besitzen!"

Wer sich die Technik dienstbar machen will, erfasse und durchdringe zuvor ihren Geist, ihr Wesen und Wirken, mache sie sich so vollkommen vertraut, wie dies eben möglich ist – dann kann er stolz von ihr Besitz ergreifen.

Das ist nicht nur eine moralische Forderung. Wer es nämlich nicht tut, ist in der Gefahr, nicht Herr, sondern Sklave der Technik zu werden. Es ist doch nicht mehr als selbstverständlich, daß man von den Dingen, mit denen man es täglich zu tun hat, etwas verstehen soll.

In ungeahnter Entwicklung hat sich besonders die Elektrotechnik zu einer Angelegenheit größten öffentlichen Interesses entwickelt. Kaum ein Mann, kaum eine Frau, die nicht irgendwie mit der Elektrizität zu tun hätte. Aber sie gehen mit ihr um wie Blinde: sie tasten nach den Dingen, nutzen sie gewohnheitsgemäß, aber wenn sie ihrer Hand entgleiten, sind sie ihnen entschwunden. Eine Sicherung brennt durch, eine

Bügelschnur wird schadhaft — die ganze „Rätselhaftigkeit" der Elektrizität tut sich auf. Ob einen der Zählerableser nicht betrügt, ob man den richtigen Gegenwert der Leistung an das Elektrizitätswerk bezahlt, ob man sich von beredten Händlern etwas Unnützes hat aufschwatzen lassen — Hand aufs Herz, wer ist seiner Sache in jedem dieser Fälle ganz sicher? Und wer kennt, geschweige nutzt denn überhaupt die Möglichkeiten, die die Elektrizität ihm bietet?

Alle Laien, auch alle Hausfrauen müßten sich um diese Dinge kümmern. In ihrem eigensten Interesse. Je früher, desto besser, weil es um so stärker haftet.

Ihnen allen ist dieser „Ratgeber" gewidmet. Er enthält das, was man für den Alltag, für den „Hausgebrauch" von der Elektrizität wissen muß. Text und Bilder sind durch sorgfältigste Auswahl dem neuesten Stand der Technik angepaßt, und wenn vielfach ein leichter Plauderton gewählt wurde, so verbergen sich dahinter Angaben von unbedingter Zuverlässigkeit und weitestgehender Vollständigkeit. Ein solcher Ratgeber hat bisher noch gefehlt. Er sichert denen, die sie brauchen, die Herrschaft über die Technik auch im Heim und macht sie damit zu echten Kindern des „technischen Zeitalters".

Berlin, Herbst 1930

Herbert F. Mueller

1. Kapitel

Was die Litfaßsäule erzählt

Als der Berliner Buchdrucker Litfaß im Jahre 1855 seine erste Straßensäule errichtete, die für Ankündigungen aller Art Verwendung fand, ahnte er trotz seines damit bewiesenen Geschäftssinnes kaum etwas von der Sprache, die die „Litfaßsäulen" heute reden. Es ist eine lautlose Sprache, und doch eine Sprache von solcher Eindringlichkeit, daß niemand sich ihr zu entziehen vermag. Wir brauchen sie für unsere Wirtschaft heute wie das tägliche Brot. Vielleicht nicht jeden ihrer „Aussprüche". Nicht alles, was auf den geduldigen Litfaßsäulen angeschlagen ist, bedeutet wirtschaftliche oder zivilisatorische Notwendigkeiten. Aber oft steckt mehr dahinter als man wohl ahnt. Und über die überwältigende Bedeutung des kleinen, unscheinbaren aber munteren Verschens „Elektrizität in jedem Gerät" läßt sich gar ein Büchlein schreiben.

Abb. 1. Die Sprache der Litfaßsäule von 1930.

Und das Büchlein beginnt mit der Sprache der Litfaßsäule. Aber jetzt meinen wir nicht mehr die stumme Sprache, sondern die richtige, tönende. Nicht jeder Litfaßsäule ist sie eigen, aber die meisten Menschen haben sie doch schon einmal vernommen: ein leises, zartes Summen, das aus dem Innern der Anschlagsäule zu uns dringt. Und manch einer hat schon mehr davon gemerkt. Er hat gesehen, daß ein Mann eine verborgene Tür der Säule öffnete, und sah im Innern geheimnisvolle Dinge, denen er nur eines anmerkte: daß sie etwas mit der Elektrizität zu tun haben.

Das Summen in der Litfaßsäule rührt her vom elektrischen Strom, es erklingt in einem sogenannten Transformator, einem Gerät, das den Strom in gewisser Weise „für den Hausgebrauch" zurechtmacht und von dem aus er in die Häuser und Wohnungen gelangt. In Stadt und Land befinden sich viele Transformatoren, nicht nur in Litfaßsäulen, auch manchmal in Kellern oder in besonderen Häuschen, die wir als Transformatorenhäuschen kennen.

Es lohnt sich, einmal aufzuhorchen, was die tönende Litfaßsäule von der Elektrizität zu erzählen weiß, was es für eine Bewandtnis hat mit ihrer Art und Herkunft, mit ihrer Erzeugung und Verteilung. Sie wird angepriesen und verkauft wie eine Ware, sie leistet dasselbe wie Kohle oder Spiritus. Aber sie ist doch eine Ware ganz merkwürdiger Art, und wenn auch der Transformator in der Litfaßsäule summt und brummt, so kann man doch die Elektrizität selbst weder hören noch sehen, man kann sie nicht auf Lager legen, man muß sie in dem Moment, da sie erzeugt wird, verbrauchen, in dem Moment, da sie gebraucht wird, erzeugen. Nun brauchen große Fabriken, wenn sie voll beschäftigt sind, sehr viel Strom, aber bei schlechter Konjunktur sehr wenig, und dann stehen die riesigen Dynamomaschinen im Elektrizitätswerk unbenutzt da, fressen Zinsen und verdienen nichts. Aber auch im Laufe eines Tages wechselt

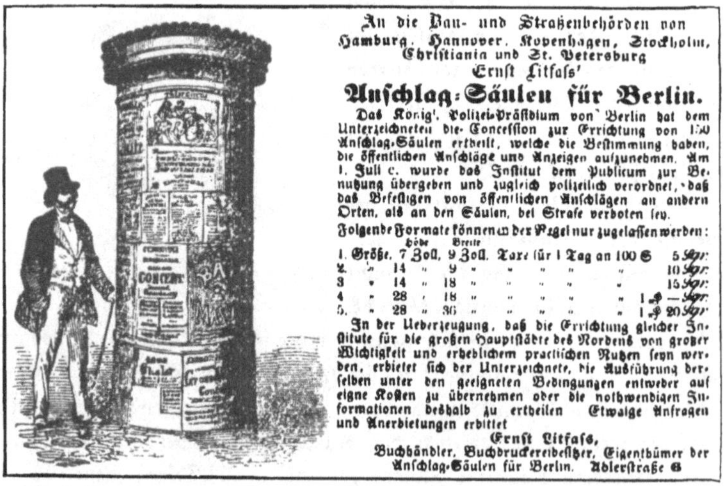

An die Bau- und Straßenbehörden von Hamburg, Hannover, Kopenhagen, Stockholm, Christiania und St. Petersburg

Ernst Litfaß'

Anschlag-Säulen für Berlin.

Das Königl. Polizei-Präsidium von Berlin hat dem Unterzeichneten die Concession zur Errichtung von 150 Anschlag-Säulen ertheilt, welche die Bestimmung haben, die öffentlichen Anschläge und Anzeigen aufzunehmen. Am 1. Juli c. wurde das Institut dem Publicum zur Benutzung übergeben und zugleich polizeilich verordnet, daß das Befestigen von öffentlichen Anschlägen an andern Orten, als an den Säulen, bei Strafe verboten sey.

Folgende Formate können in der Regel nur zugelassen werden:

	Höhe	Breite	
1. Größe,	7 Zoll,	9 Zoll.	Taxe für 1 Tag an 100 S 5 Sgr.
2. „	14 „	9 „	„ „ „ „ 10 Sgr.
3 „	14 „	18 „	„ „ „ „ 15 Sgr.
4 „	28 „	18 „	„ „ „ „ 1 Rthl. — Sgr.
5. „	28 „	36 „	„ „ „ „ 1 Rthl. 20 Sgr.

In der Ueberzeugung, daß die Errichtung gleicher Institute für die großen Hauptstädte des Nordens von großer Wichtigkeit und erheblichem practischen Nutzen seyn werden, erbietet sich der Unterzeichnete, die Ausführung derselben unter den geeigneten Bedingungen entweder auf eigne Kosten zu übernehmen oder die nothwendigen Informationen deshalb zu ertheilen. Etwaige Anfragen und Anerbietungen erbittet

Ernst Litfaß,
Buchhändler, Buchdruckereibesitzer, Eigenthümer der Anschlag-Säulen für Berlin. Adlerstraße 6

Abb. 2. Reproduktion einer Zeitungsankündigung des Buchdruckers Litfaß über die Errichtung von Anschlagsäulen.

die Stromabnahme so außerordentlich, daß das Herein- und Herausnehmen von Zusatzmaschinen mehr kostet, als wenn man den ganzen Tag gleichmäßig Strom abgeben würde. Um sich das bildlich klar zu machen, zeichnet man die wechselnde Stromabnahme im Laufe eines Tages so auf, daß man wagerecht von Stunde zu Stunde fortschreitet und senkrecht darüber aufzeichnet, wie viele Kilowatt jeweils abgenommen (und erzeugt) werden (Abb. 4). So entsteht die „Belastungskurve". Fangen wir nachts um 12 Uhr an, so haben wir normalerweise nur noch die Straßenbeleuchtung, ein paar Schaufenster-, Gaststätten- und Zimmerbeleuchtungen sowie ein paar sogenannte Nachtstromabnehmer. Zum Beispiel werden die Akkumulatoren meist über Nacht geladen, einige Fabriken, vor allem die chemischen, arbeiten durch usw. Wie wenige das sind, sieht man daran, daß, wenn gegen 3 Uhr so ziemlich alle Menschen im Bett liegen, die Stromabnahme nur noch ganz minimal ist. Aber doch müssen die Kessel im Elektrizitätswerk unter Dampf gehalten werden, denn so gegen 6 Uhr geht's los, im Sommer weniger heftig, im Winter sprunghaft: man steht auf, knipst Licht an, die Frühschichten gehen an die Arbeit, um 7 Uhr fangen die Fabriken an, vielleicht ist auch eine Straßenbahn mit zu versorgen, es wird reichlich, wenn auch etwas schwankend, Strom abgenommen. Mittags auf einmal läßt es nach, die Fabriken haben ihre Mittagspause, die Stromabnahme fällt stark, um dann ebenso plötzlich wieder einzusetzen. Abends aber, nach Fabrikschluß, kommt die Beleuchtung der Häuser, Straßen, Geschäfte, und im Winter setzt diese gar schon ein, wenn die Fabriken noch arbeiten, und die Fabrikbeleuchtung kommt noch dazu. Dann entsteht die so unbeliebte „Belastungsspitze", wie die Kurven in Abb. 4 deutlich erkennen lassen. — Schneidet man nun die „Belastungskurve" eines jeden Tages in Papier aus und reiht sie alle hintereinander, so bekommt man für das ganze Jahr das „Belastungsgebirge" (Abb. 5). Die Einflüsse der Jahreszeit sind hier deutlich zu sehen: wenn morgens die Belastung nachläßt, wird es Frühling, und auch der scharfe Höhenzug, der die Abendspitzen markiert, gibt nach. Überhaupt sieht man, daß im Sommer zeitweise weniger intensiv gearbeitet, also weniger Strom abgenommen wird. Aber im Herbst setzt es wieder ein. Die höchste Spitze wird in den Abenden vor Weihnachten erreicht, wenn alles munter schafft und feilbietet und kauft. Um diesen Strombedarf zu decken, müssen Reserven herangezogen werden, die man sonst vielleicht im ganzen Jahr nicht braucht, und es leuchtet ein, daß sie eine sehr schlecht rentierende Kapitalanlage darstellen. Sie sind schlecht ausgenutzt, haben eine sehr schlechte „Benutzungsdauer", d. h. die Stunden im Jahr, während denen diese Maschinen benützt werden, sind nicht zahlreich. Dadurch wird aber naturgemäß die Benutzungsdauer des ganzen Kraftwerks beeinträchtigt, d. i. die Stundenzahl, während denen innerhalb des Jahres durchschnittlich das ganze Werk beschäftigt ist. Würden alle Maschinen das ganze Jahr über voll laufen, so wären dies 8760 (365 × 24) Stunden. In Wirklichkeit kommt für gut beschäftigte Werke vielleicht die Hälfte heraus, die durchschnittliche Benutzungsdauer aller deutschen Werke beträgt sogar nur etwa 2300 Stunden.

Abb. 3. Im Innern der Litfaßsäule befinden sich bisweilen elektrische Transformatoren und Verteilanlagen.

Bei Überlandzentralen, vor allem in Gegenden ohne Industrie, liegen die Verhältnisse noch schlimmer als in den Städten. Da kommt hinzu, daß man fast für jeden Abnehmer eine Leitung braucht, die in die Kilometer geht, und deren Anlage, also auch deren dauernde Verzinsung und Unterhaltung viel Geld kostet. Wenn dann die Abnehmer nur jeden Tag ein paar Lampen einschalten und die Leitung sonst unbenutzt dasteht, so kann man sich denken, daß das Elektrizitätswerk Geld zusetzen muß. Es ist ja auch kein Geheimnis, daß besonders die Überlandwerke in dünn besiedelten Gegenden nicht gut rentieren und von den Landesverwaltungen mehr aus kulturellen Gründen unterhalten werden.

Teilweise kann man diesen Schwierigkeiten abhelfen durch Fernstrombezug. Es zeigt sich nämlich meist, daß in einer Stadt und in der umliegenden Gegend die Belastungsspitzen zeitlich auseinanderfallen. Die Kosten für die „Spitzendeckung" werden durch Zusammenschluß mehrerer Werke also geringer, auch die Bedienungs- und Betriebskosten. So ist unsere heutige Großkraftversorgung entstanden, an die sich immer mehr Stadt- und Überlandwerke anschließen. Vielfach behält man eigene kleinere Maschinen zur Reserve, bezieht aber den Hauptteil des Stromes, die sogenannte „Grundlast", vom nächstgelegenen Großkraftwerk, das seinen Strom auf den bekannten Hochspannungsleitungen zu den einzelnen Abnehmergruppen verschickt. Hier wird in Umspannwerken der Strom auf geringere Spannung gebracht und so den Großabnehmern zugeleitet oder einzelnen Gruppen von Kleinabnehmern; er durchläuft dann die Transformatoren und gelangt nunmehr mit der sogenannten Gebrauchsspannung (meist 110 oder 220 oder 380 Volt) zu den Motoren, Glühlampen usw. – Die Großkraftwerke sind überdies zur gegenseitigen Unterstützung noch durch Höchstspannungsleitungen verbunden, so daß also höchste Wirtschaftlichkeit der Stromerzeugung gewahrt ist.

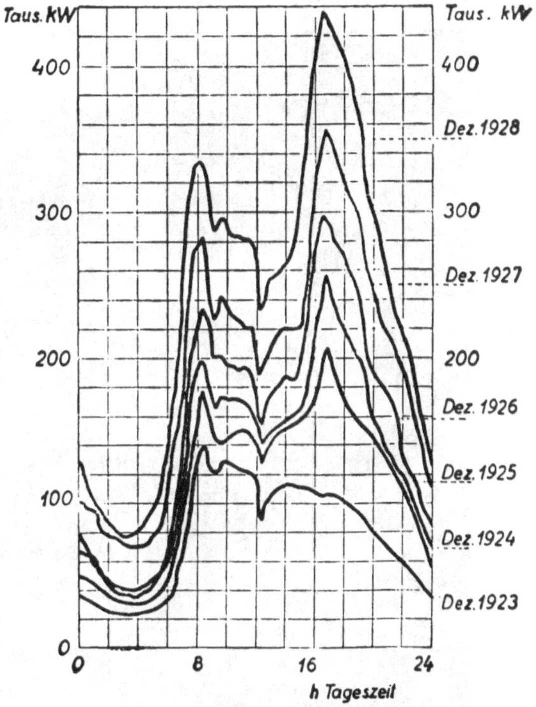

Abb. 4. Belastungskurven von Berlin, Winter 1923 bis 1928. Sie zeigen das starke Anwachsen der Spitzen in den letzten Jahren.

Und doch muß jeder erkennen: all diese Maßnahmen können nichts daran ändern, daß die Menschen nachts schlafen und mittags ihre Mittagspause haben, und daß im Sommer ein großer Teil der Maschinen unbenutzt ist, der im Winter vielleicht nur für wenige Stunden des Jahres in Tätigkeit treten muß, und daß bei mangelnder Strom-abnahme die teuren Überlandleitungen, Kabel, Transformatoren usw.

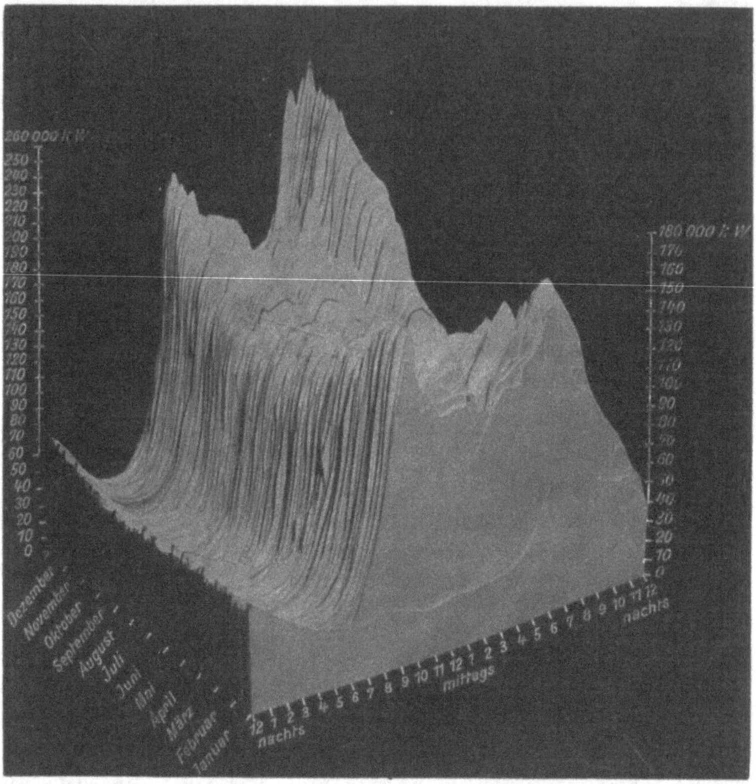

Abb. 5. Belastungsgebirge der „Bewag" (Berlin).

Zinsen fressen, statt Geld abzuwerfen. Alles, was dazu verhelfen kann, die Ausnutzung der Maschinen und Verteilungsnetze, ihre Benutzungs-stundenzahl, zu steigern, vermindert die Kosten der Stromerzeugung. Bei dem *gemeinnützigen Charakter* sämtlicher Elektrizitätswerke, auch soweit sie von Privatgesellschaften betrieben werden, werden diese Vorteile aber den Stromabnehmern wieder zugewandt: *die Strompreise können dann ermäßigt werden.* Und so kommt es, daß jeder Stromabnehmer selbst das größte Interesse daran hat, daß möglichst viele andere möglichst viel Strom abnehmen; so kommt es, daß alles, was diesen Zweck erreichen soll, nicht nur den Interessen der Werke, sondern gerade auch dem Interesse ihrer Abnehmer dient, Kundendienst in reinster Form bedeutet.

Zu diesen Maßnahmen gehört vor allem eine zielbewußte Werbung für erhöhten Stromverbrauch, und zwar in erster Linie die Kleinverbrauchswerbung. Gekocht, gewaschen, gebügelt muß immer werden, im Sommer wie im Winter, bei guter Konjunktur wie bei schlechter. Früher als die Hausfrauen selbst hat die Elektrizitätsindustrie erkannt, daß die Hauswirtschaft, nämlich die Summe der Haushaltungen, also der wichtigsten Kleinverbraucher, den stärksten Wirtschaftszweig überhaupt darstellt. Es gibt in Deutschland etwa 15 Millionen Haushaltungen (durchschnittlich zu je etwa vier Köpfen), und durch die Hände der Hausfrauen gehen im Jahre rund 35 Milliarden Mark, davon etwa 5% für Licht und Wärme. Daran können gute und schlechte Konjunkturen nicht viel ändern. Auch für den elektrischen Strom öffnet sich hier ein weites Absatzgebiet.

Dem wäre nicht so, wenn Elektrizität ein Luxus wäre, wie man früher einmal meinte und heute noch oft hören kann. Aber Licht, Arbeit und Wärme braucht jeder Haushalt, und meist ist ein kaltes Abendessen ein größerer Luxus als ein warmes, schlechte Beleuchtung bei der Hausarbeit ist eine größere Verschwendung (an Zeit, Mühe, aber auch an Material) als gute, und ganz bestimmt sind Dienstboten ein größerer Luxus als elektrische Arbeit. Man muß es, um mit Ford zu sprechen, nur sagen, denn von selbst wird kaum einer den alteingefahrenen Weg verlassen.

Man muß aber noch mehr sagen. Nichts ist zwar einfacher, als das Licht anzuknipsen, oder die Schnur eines Bügeleisens in die Steckdose zu stecken und das Bügeleisen auf diese Weise in Gebrauch zu nehmen. Aber bisweilen ist es doch nützlich, ein wenig „dahinter" zu kommen und sich um das Wesen des Stromes, seine Wege und Benutzungsmöglichkeiten usw. etwas zu kümmern.

Dem sollen die folgenden Kapitel dienen.

2. Kapitel

Wesen und Wirkungen des elektrischen Stromes

Wenn wir daheim unser Licht anknipsen, so fließt, wie wir sagen, ein elektrischer „Strom" von einem „Pol" zum anderen. Solche zwei „Pole" sind z. B. die beiden Stifte eines Steckers. Sie liefern aber elektrischen Strom nur dann, wenn sie mit den Ursprungspolen in Verbindung stehen. Diese Ursprungspole befinden sich im Elektrizitätswerk an den Dynamomaschinen (Stromerzeugungsmaschinen). Es sind gleichsam die Quellen der Elektrizität. Den einen nennen wir den negativen [1]) Pol, von hier nimmt der Strom seinen Ausgang. Er fließt durch die Zuleitungsdrähte und Kabel über die Hausanschlußsicherung in unsere Wohnungsinstallation, geht erst durch den Zähler, dann durch die Verteilungssicherung am Zähler, dann durch den einen Draht zum Schalter, weiter zur Lampe, von da durch den zweiten Draht zurück zum Zähler, und so fort wieder zurück [2]) zum anderen Pol der Elektrizitätsmaschine, den wir den positiven nennen.[1]) Der Kreislauf muß „geschlossen" sein, damit „Strom fließt". Ist er an einer Stelle (z. B. durch einen ausgeknipsten Schalter) unterbrochen, so hört der Stromfluß sofort auf.

Was ist denn nun der elektrische Strom?

Die Antwort lautet immer noch: eine rätselhafte Erscheinung, von der wir mehr die Wirkungen als das Wesen kennen. Stellen wir uns einmal vor, daß der elektrische Stromfluß mit der Wanderung winziger Teilchen verbunden ist, die wir Elektronen nennen. Jedes Elektron trägt eine bestimmte elektrische Ladung. Diese mutmaßlichen Teilchen, deren Wirkungen man tatsächlich beobachtet hat, sind viel, viel kleiner als die kleinsten Teile, mit denen man es in der Chemie zu tun hat und die man Atome nennt — Teilchen von so unvorstellbarer Winzigkeit, daß die darüber vorhandenen Berechnungen uns

[1]) Gewöhnlich sagt man, der Strom fließt vom positiven Pol zum negativen. Seit man genau weiß, daß die Elektronen negative Ladungen haben, weiß man auch, daß der Strom vom negativen Pol zum positiven fließt (z. B.: Röntgenröhre!).

[2]) Näheres ist im vierten Kapitel behandelt.

nicht weiter interessieren. Aber das kleinste und leichteste dieser Atome, das Wasserstoffatom, ist noch 2000mal größer als das mutmaßliche Elektron!

Dadurch wird es jedoch immerhin vorstellbar, daß diese kleinen Energieknötchen auch durch gewisse feste Körper hindurchwandern, die wir elektrisch leitfähig nennen und zu denen neben dem Wasser vor allem die Metalle gehören. Wie die Wanderung vor sich geht, ist noch nicht ganz geklärt. Es dürfte aber folgender Vergleich der Wirklichkeit einigermaßen gerecht werden: ein langes Rohr denken wir uns ganz vollgefüllt mit lauter kleinen Kugeln, so daß keine mehr hineingeht. Stopfen wir nun auf der einen Seite noch eine Handvoll mit Gewalt hinein, so drücken wir sämtliche Kugeln ein Stückchen nach vorn, und auf der anderen Seite kommen genau so viele herausgepurzelt, wie wir hier hineingesteckt haben. In dem ganzen Rohr fließt also momentan ein Kugelstrom. Denken wir uns statt des Rohres einen Draht und statt der Kugeln Elektronen, so pflanzt sich auch der Elektronenfluß im Augenblick, in dem ein Strom eingeschaltet wird, durch die ganze Leitung hindurch fort, so schnell, daß man die Fortpflanzungsgeschwindigkeit des elektrischen Stromes mit der ebenfalls unvorstellbaren Zahl von 300 000 km in der Sekunde ausdrückt. Wenn wir also eine elektrische Leitung um die Erde legen, so würde der Strom in einer Sekunde etwa 7½mal um die Erde herumlaufen. Das ist schon was, und jedenfalls mehr als unsere Vorstellung fassen kann. — Wiederholen wir unser Nachstopfen in einem fort, so wird ein gleichmäßiger Strom fließen; und zwar ein „schwacher" Strom, wenn wir nur wenige Kugeln in der Sekunde nachfüllen, ein „starker" Strom aber, wenn wir viele Kugeln in der Sekunde folgen lassen. Jede „Kugel" hat ja eine bestimmte elektrische Ladung, und wenn an einem Punkt 100 000 solche Ladungen in einer Sekunde vorbeifließen, so muß das einen zehnmal so starken Strom geben, wie wenn es nur 10 000 Ladungen sind. Man kann auch die Stärke eines elektrischen Stromes so messen, daß man die elektrischen Ladungen berechnet, die in einer Sekunde an einer Stelle der Leitung vorbeifließen (s. u. S. 33). — Wenn auch bekanntlich alle Vergleiche hinken, so ergibt sich hierdurch doch ein einigermaßen brauchbares Bild davon, was der elektrische Strom eigentlich ist.

D. h. noch nicht ganz, oder richtiger, wir haben ein Bild vom Gleichstrom, der immer in gleicher Richtung fließt. Der größte Teil der elektrischen Energie, die heutzutage verwendet wird, ist aber nicht Gleich-, sondern Wechselstrom. Wie schon der Name sagt, wechselt er fortwährend seine Richtung. Wenn wir bei unserem Bild mit dem Kugelrohr bleiben, brauchen wir uns also nur vorzustellen, daß einmal die Kugeln auf der einen Seite, gleich darauf auf der anderen Seite eingefüllt werden. Dieser Wechsel erfolgt für jede Richtung meist 50mal in der Sekunde, man spricht von einem 50periodigen Wechselstrom (50 „Perioden" oder 50 „Hertz"). Zwischendurch ist natürlich ein winziger Moment des Stillstandes, in dem die elektrischen Teilchen ihre Richtung ändern. Dann ist die Leitung einen Augenblick stromlos. Man kann das bisweilen beim elektrischen Licht beobachten: eine schnelle Bewegung im künstlichen Licht scheint manchmal ruckweise, etwa wie im Film, vor sich zu gehen, weil die Glühlampe in der Sekunde 100mal stromlos wird und dann zwar noch nachglüht, aber weniger hell ist als bei Stromdurchgang, so daß wir uns also nicht in gleichmäßigem Lichtstrom befinden und bewegen, sondern in Lichtstößen, die 100mal in der Sekunde aufeinander folgen — oft genug also, daß wir im allgemeinen nichts davon bemerken.

Für das Zustandekommen des elektrischen Stromes, ob es nun Gleich- oder Wechselstrom (oder Drehstrom, s. Sachwortverzeichnis) ist, muß aber eine Voraussetzung erfüllt sein: es muß irgendein Druck da sein, der die Elektronen bewegt. Bei unserem Kugelrohr müssen wir ja auch Druck anwenden, um Kugeln nachzustopfen und alle anderen fortzudrücken. Oder man müßte das Rohr schräg halten, so daß ein Gefälle vorhanden ist, demzufolge sich die Kugeln bewegen, und zwar vom höheren Rohrende zum niedrigeren, oder vom Punkt höheren Druckes zu dem mit niedrigerem Druck. Das ist beim elektrischen Strom genau so, nur ist den mutmaßlichen Elektronen offenbar „oben" und „unten", der Erde gegenüber betrachtet, ganz gleichgültig. Sie folgen dem „elektrischen Druck", den man mit „Spannung" bezeichnet (s. u. S. 32). Wenn in einem Leiter Strom fließen soll, so muß stets ein „Gefälle", ein Spannungsunterschied zwischen den beiden Enden des Leiters vorhanden sein, wie das ja tatsächlich zwischen den Polen der Dynamomaschine und infolgedessen zwischen den Polen einer Steckdose oder eines Schalters der Fall ist.

Auch bei Wechselstrom ist stets ein Spannungsgefälle wirksam. Nur daß die beiden Pole gleichsam fortwährend ihre Spannung vertauschen und die Elektronen immer hin- und hergejagt werden. So wie wenn wir unser Kugelrohr unablässig heben und senken, so daß das eine Ende bald höher bald tiefer gelegen ist als das andere. Von wenigen Fällen abgesehen, sind auch die Wirkungen des elektrischen Stromes merkwürdigerweise grundsätzlich gleich, ob es sich nun um Gleich- oder um Wechselstrom handelt, ob das Spannungsgefälle und somit der Stromfluß also immer ein und dieselbe Richtung haben, oder ob beides fortwährend wechselt.

Eine der merkwürdigsten Wirkungen ist die Wechselwirkung elektrischer und magnetischer Kräfte. Fließt ein Strom durch einen Draht, so übt er rings um sich herum magnetische Kräfte aus. Er wirkt also auf Eisenteile und Magnetnadeln ein, als ob sich an Stelle des Drahtes selbst Magneten befänden; man sagt, er erzeugt „magnetische Felder". Umgekehrt: nimmt man einen Magneten, der um sich herum also auch ein „magnetisches Feld" erzeugt, und bewegt man einen Metalldraht an dem Magneten vorbei, so entsteht in dem Draht Elektrizität, und wenn man die Drahtenden miteinander verbindet, fließt durch das Ganze ein elektrischer Strom, je nach Dauer und Schnelligkeit der Bewegung und je nach Stärke des Magneten (dynamoelektrisches Prinzip). Hierauf beruht zunächst die elektrische Dynamomaschine, die fast den gesamten Strombedarf unseres Wirtschaftslebens erzeugt. In der Dynamomaschine sind kräftige Magneten vorhanden, zwischen denen durch Dampf- oder Wasserkraft eine Achse, Anker genannt, gedreht wird, die zahlreiche Drahtwindungen trägt. Wenn diese an den Magneten vorbeikommen, entsteht in den Drahtwindungen Elektrizität, die zu den früher erwähnten positiven und negativen „Polen" geleitet wird. Von hier nimmt die Stromversorgung ihren Ausgang, der Strom fließt, sobald die Verbraucher, Straßenbahnen, Fabriken usw. den Strom „einschalten" und dadurch die äußere Verbindung der „Pole" herstellen.

Auf demselben Prinzip beruht umgekehrt der Elektromotor; der Strom wird beispielsweise durch Drähte geleitet, die um die Achse (Anker) gewickelt sind, und erzeugt dadurch magnetische Kräfte. Um die Achse herum sind weitere Magneten fest angebracht, und wie alle magnetischen Kräfte sich entweder anziehen oder abstoßen, geschieht es auch hier. Die Achse, die ja gewissermaßen magnetisch geworden ist, dreht sich entsprechend der Anziehung und Abstoßung durch die festen Magneten. Sie würde bei Erreichen der günstigsten Anziehungslage stehenbleiben, wenn dann nicht durch irgendwelche Vorrichtungen dafür gesorgt wäre, daß entweder der Strom seine Richtung ändert und damit auch die magnetischen Kräfte, so daß die Welle veranlaßt wird, sich schleunigst bis zu einer anderen Lage weiterzudrehen, wo das Spiel sich wiederholt; oder man läßt auch die Magnete, die um die Achse herumliegen, ihre „Nord"- und „Südpole" wechselweise vertauschen, wodurch der gleichsam gefoppte Anker genötigt ist, immer weiter zu laufen, ohne je die Anziehungslage zu erreichen. Die kleinen Motorchen, mit denen Kinder spielen, und die ungeheuren Antriebsmotoren von Bergwerksmaschinen oder elektrischen Lokomotiven — alle beruhen auf dem gleichen einfachen Prinzip und verdeutlichen die seltsamen magnetischen Wirkungen des Stromflusses.

Sinnfälliger sind die Licht- und Wärmewirkungen des elektrischen Stromes. Sie sind eine Umwandlung von elektrischer Energie in Wärmeenergie und die ihr verwandte Lichtenergie. Dies erscheint nicht weiter verwunderlich. Wenn man ein Gemisch von Luft mit explodierbaren Gasen oder Dämpfen im Zylinder des Dieselmotors zusammendrückt, wird es heiß und explodiert. Durch Ausüben von Druck also entsteht Wärme, so wie durch Reibung Wärme entsteht, wenn z. B. die Bremsen eines Eisenbahnzuges angezogen werden und die Funken stieben. Man muß also erwarten, daß auch dann Wärme entsteht, wenn sich durch einen Draht hindurch die Schar der Energieknötchen, der mutmaßlichen Elektronen, hindurchzwängt. Da ist der elektrische Druck, den man Spannung nennt, der den Elektronenstrom durch den Draht hindurchtreibt, und da entsteht so etwas wie Reibung, und zwar entsteht um so mehr „Reibungswärme", je weniger „glatt" der Strom durch den Draht fließt, je mehr Widerstand er also in dem Draht findet. Das hängt von der Art des Drahtes ab. Kupfer- oder Silberdraht, die den Strom sehr gut leiten, bieten ihm wenig Widerstand, wenig „innere Reibung", es kommt normalerweise nicht vor, daß der Draht merklich warm wird. In den Heizkörpern des Bügeleisens oder einer Kochplatte hat man aber absichtlich einen besonderen Draht angebracht, der recht hohen Widerstand bietet. So kann es sogar gelingen, von kleinen Verlusten abgesehen, die ganze Energie, die dem Strom innewohnt, in

Wärme umzuwandeln. Wir werden darüber in späteren Kapiteln noch viel hören.

Licht ist eine Form der Energie wie Wärme auch. Bisher sind aber nur wenige Fälle bekannt, in denen die Lichtaussendung ohne gleichzeitige Wärmeaussendung auftritt. Es ist auch in unseren elektrischen Glühbirnen noch nicht vermieden, daß bei der Umwandlung der elektrischen Energie in Lichtenergie zugleich Wärmeenergie entsteht. Die Lampen werden immer noch warm, sogar heiß. Immerhin ist es bei den modernen Wolfram-Drähten schon gelungen, eine ganz erheblich größere Licht- und geringere Wärmeerzeugung zu erzielen als bei den alten Kohlefadenlampen, weshalb elektrisches Licht heute ja nicht nur angenehm und bequem, sondern — wegen des verringerten Strombedarfs für die gleiche Helligkeit (Lichtstärke) — auch in der Tat billig geworden ist.

Der Umstand, daß Elektrizität sich leicht in Wärme verwandelt, kann natürlich auch einmal zu *unbeabsichtigten Folgen* führen. Da ist z. B. das Bügeleisen, das man nach Gebrauch auszuschalten vergessen hat und dessen Wärme nun nicht mehr verbraucht wird, sondern langsam die Unterlage versengt und schließlich einen Zimmerbrand herbeiführen kann. Es gibt deshalb Bügeleisen, die ebenso wie Heizkissen, Warmwasserspeicher und dergleichen *Selbstausschalter* enthalten. Sie treten in Tätigkeit, sobald eine gewisse Temperatur überschritten wird und schalten den Strom automatisch aus. — Ein anderer Fall tritt bisweilen an beschädigten *Zuleitungsschnüren* auf. Da ist vielleicht eine brüchige Stelle, an der also der Draht besonders dünn ist. Hier drängen sich die Elektronen besonders stark zusammen, erhitzen die schadhafte Stelle, und es entsteht ein Schmoren oder Sengen, das sich meist harmlos durch Geruch nach verbranntem Gummi kundgibt, in unglücklich gelagerten Fällen aber auch zu Schäden führen kann. Durch Gebrauch vorschriftsmäßiger Leitungen, „verbandsmäßiger", d. h. mit *VDE-Prüfzeichen*[1]) (Abb. 6) versehener Stecker, Steckdosen und Schalter, vor allem aber

Abb. 6 Prüfzeichen des Verbandes deutscher Elektrotechniker.

[1]) VDE = Verband deutscher Elektrotechniker; dieser hat technische Richtlinien für die Ausführung von gewissen Geräten und Materialien aufgestellt. Eine besondere Prüfstelle wacht über deren Durchführung und verleiht den entsprechend befundenen Gegenständen das Prüfzeichen.

durch schonende Behandlung der Schnüre und Zuleitungen kann man sich vor derartigen Unzuträglichkeiten schützen. Ähnliches tritt auf an sogenannten „Wackelkontakten", solchen Leitungsverbindungen, die nicht fest sitzen (z. B. Stecker, die in der Dose wackeln, anstatt stramm zu sitzen). Sie können sich recht unangenehm bemerkbar machen und sollten stets sofort beseitigt werden.

Wenn wir nun aber an unsere Hausinstallation Geräte anschließen, für die die Installation nicht gebaut ist, oder wenn wir zu gleicher Zeit Heizsonne, Herd, Bügeleisen und weiß Gott was noch einschalten, dann müssen die Zuleitungsdrähte Ströme liefern, die stärker sind als mit der Drahtdicke vereinbar. Es tritt dann in der Zuleitung das ein, was wir sonst bei Kupferdrähten nicht kennen, sie bieten trotz ihrer hohen Leitfähigkeit dem zu starken Strom so viel Widerstand, daß auch sie sich

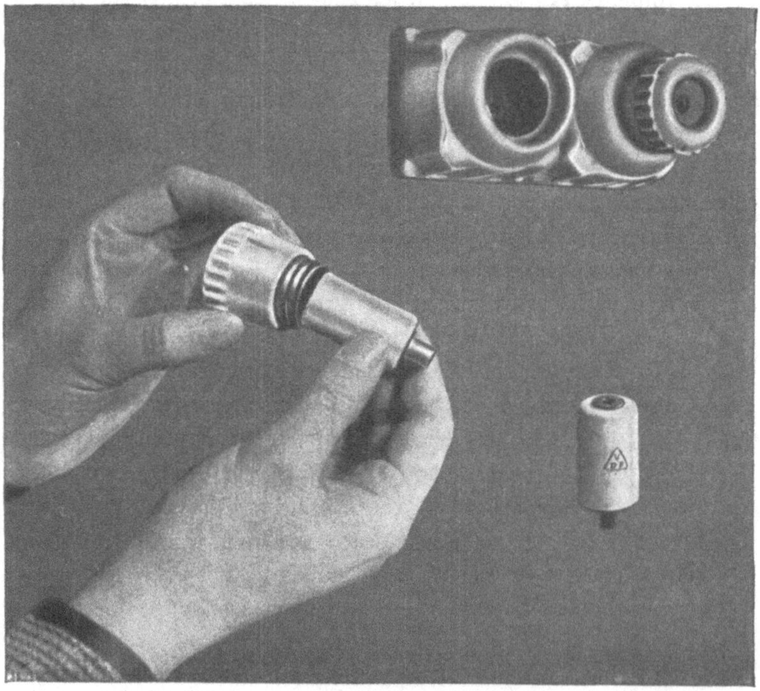

Abb. 7. Sicherungselement mit einer eingeschraubten und einer ausgeschraubten Sicherung. Die linke Hand hält die herausgenommene Schraubkappe, in die die rechte eine Sicherungspatrone einführt. Daneben eine Patrone für sich.

erwärmen. Das könnte natürlich zu sehr unliebsamen Folgen führen. Deshalb ist in jede Installation in jeder Wohnung ein Stück eingefügt, das man absichtlich schwächer gemacht hat als alles andere. Tritt eine zu hohe Belastung ein, so wird, ehe die Zuleitungsdrähte auch nur warm werden, dieser schwächste Teil als erster durchschmelzen und dadurch den Stromzufluß unterbrechen. Dieses Teilchen befindet sich in den Sicherungen (Abb. 7), die wohl jeder kennt. Sie sind an den Zählern angebracht, zum Teil auch noch in den Steckdosen, sind leicht

Abb. 8. Installationsselbstschalter: Stöpselautomat.

Abb. 9. Installationsselbstschalter: Hebelautomat.

zugänglich, leicht auswechselbar und billig, es ist also weiter kein Unglück, wenn so eine Sicherung einmal durchgeht; sie sichert, wie der Name sagt, gegen ernsthafte Schädigungen durch zu starke Ströme. Über die Sicherungen werden wir im übernächsten Kapitel noch einiges hören.

Neuerdings gibt es auch sogenannte Automaten (Selbstschalter, Abb. 8 u. 9), die denselben Dienst tun sollen wie die Sicherungen, aber einfach wieder eingeschaltet werden können, sobald die störende Ursache beseitigt ist. Man hat dadurch den Vorteil, daß man keine Ersatzteile bereit halten muß, denn diese sind bekanntlich immer dann nicht da, wenn man sie braucht. Das verleitet übrigens bisweilen zu der verhängnisvollen Unsitte, Sicherungen unerlaubterweise zu flicken oder durch Haarnadeln, Nägel und dergleichen zu ersetzen. Es bedarf hier kaum einer Erwähnung, daß derartiger Frevel nicht nur zu eigenem schweren Schaden führen kann, sondern auch schwer bestraft wird und jede Schadenersatzpflicht der Versicherungsgesellschaften aufhebt.

In diesem Zusammenhang ist auch der Kurzschluß zu erwähnen, an dem das Interessanteste ist, daß es ihn wirklich gibt, wenn auch sehr selten. Es ist nämlich seit Jahrzehnten allgemeiner Brauch geworden, jeden Brand, dessen Ursache nicht auf der Hand liegt, durch die Worte „vermutlich Kurzschluß" zu „erklären". In 80% aller derartiger Meldungen handelt es sich bestimmt nicht um Kurzschluß, nicht einmal um Elektrizität, in den restlichen Fällen ist der elektrische Strom, eventuell sogar ein wirklicher Kurzschluß, beteiligt, doch sollte man auch dann nicht sagen: „Brandursache Kurzschluß", sondern „Brandursache: verbotenes Flicken von Sicherungen" oder „grobfahrlässige Behandlung der elektrischen Anlagen". Man sagt ja auch nicht, daß bei einem Automobilunfall das Auto die Ursache sei, sondern die Unvorsichtigkeit entweder des Verunglückten selbst oder des Fahrers.

Kurzschluß also ist jener sehr selten auftretende Fall, bei dem der elektrische Strom nicht den vorgeschriebenen Weg nimmt, sondern sich diesen eigenmächtig „verkürzt". Also z. B. statt erst sich durch die Glühlampe hindurchzuquälen, eine schadhafte Stelle in der Zuleitung erspäht und, „um die Sache kurz zu machen", direkt in den Rückleitungsdraht überspringt. Die ganze ihm innewohnende Energie wird bei diesem Sprung „verpufft", und dabei treten hohe Stromstärken sowie Funkenerscheinungen auf. Natürlich kann das zu einem Brand führen, wenn es auch nur wenige Sekunden anhält. Aber das ist völlig unmöglich, wenn die Sicherungen in Ordnung sind, denn diese können hohe Stromstärken nicht vertragen und schmelzen in einem solchen Fall momentan durch. Jeder weiteren zum Ersatz eingebrachten Sicherung ergeht es genau so, bis man die schadhafte Stelle in Ordnung gebracht hat und der Strom wieder hübsch den vorgeschriebenen Weg nimmt. Man kann infolgedessen, ordnungsmäßiges Vorhandensein von Sicherungen vorausgesetzt, geradezu sagen, daß der Kurzschluß zu den harmlosesten Unarten gehört, die sich der elektrische Strom zuschulden kommen läßt, sobald menschliche Unarten ihm dazu die Möglichkeit geben.

Und wozu geben menschliche Unarten nicht die Möglichkeit! Ist es denn nötig, Schalter als Kleiderhaken, Leitungen als Wäscheleinen, Anschlußschnüre als Kinderspielzeuge zu benutzen? Ist es nicht schlimm, wenn man einer so kostbaren Maschine wie dem Elektromotor oft zumutet, unter Bergen von Staub und Spreu ihren Dienst zu tun, oder wenn man den sonst so sympathischen Schwalben gestattet, ihre Nester in den Zuleitungen anzubringen? So könnte man noch viele ähnliche Unarten aufzählen, Unbedachtsamkeiten, die die elektrische Anlage beschädigen und natürlich unliebsamen Vorkommnissen Tür und Tor öffnen.

Daß derartige *Fahrlässigkeiten* so häufig sind, hat seinen Grund in der an sich sehr erfreulichen Tatsache, daß *Unfälle* durch elektrischen Strom äußerst selten vorkommen. Unter den Menschen, die von Berufs wegen täglich mit elektrischen Leitungen in Berührung kommen, verunglücken aus elektrischer Ursache weniger als von denen ertrinken, die berufsmäßig der Ertrinkungsgefahr ausgesetzt sind. Und wie viele Arbeiter, Monteure, Ingenieure haben täglich mit der Elektrizität zu tun, wie wenige Fischer, Schiffer, Bauarbeiter sind vom Ertrinkungstod bedroht! Erst recht gehören *elektrische Unfälle zur größten Seltenheit in Haushaltungen*, weil, besonders bei gutem, nicht zu billigem Material, der elektrische Strom kaum je aus seinem vorgeschriebenen Weg heraus kann, und wenn es wirklich vorkommt, ein kleiner „Knax" alles zu sein pflegt, was man bemerkt.

Diese geringe Gefährdung durch elektrische Anlagen hat aber den einen Nachteil, daß die Menschen sich der großen Energien, die da lebendig sind, nicht mehr bewußt sind. Sie vergessen ganz, daß jede Energiequelle schließlich ihre Energie auch einmal an der unrechten Stelle abgeben kann, werden unbekümmert und leichtsinnig. Kommt schließlich dann einmal etwas vor, so schilt man den elektrischen Strom heimtückisch. Das ist undankbar, und deshalb seien die *Wirkungen auf den menschlichen Körper* und die seltenen Fälle tatsächlicher Gefährdung noch kurz behandelt.

Der Körper, zum größten Teil aus salzhaltigem Wasser bestehend, ist ein recht guter Leiter für den elektrischen Strom. Er ist aber als Organismus im allgemeinen sehr widerstandsfähig. Ströme mit mehreren 1000 Volt Spannung gehen bisweilen durch ihn hindurch, ohne daß bleibende Schädigungen eintreten. Allerdings entsteht auch hier Wärme, ganz besonders an der Stelle, wo der größte Widerstand auftritt, nämlich an der Hautoberfläche. Daher sind *Verbrennungen* die häufigsten Folgeerscheinungen elektrischer Unfälle.

Wenn der Körper Spannungen von 60 bis gegen 1000 Volt ausgesetzt wird, wenn der Strom wirklich durch den Körper hindurch – also nicht nur von einem Finger zum anderen – geht und womöglich das Herz berührt, so wird dieses in seinem Pulsschlag gestört, was sogar zum Tode führen kann. Auch lähmt der Strom bisweilen Herz und Lunge, jedoch haben Wiederbelebungsversuche, rechtzeitig eingesetzt und sachgemäß und ausdauernd betrieben, häufig Erfolg.

Es gehören aber schon ganz besonders unglückliche Umstände dazu, wenn in unseren Wohnungen tödliche Unfälle auftreten. Da wir uns meist auf Holz oder Teppich befinden, die den elektrischen Strom in trockenem Zustand nicht leiten, so findet der Strom, wenn er schon durch eine undichte Stelle der Isolation aus seiner Bahn heraus kann, keinen Abweg. Er muß ja, wie wir wissen, irgendwie zum Elektrizitätswerk zurück, man müßte dann also schon zufällig mit beiden Drähten unerlaubterweise in Berührung sein, oder der Strom müßte wenigstens in die Erde gelangen können, was infolge besonderer physikalischer Eigenschaften dem Zurückfließen zur Maschine nahekommt. Allerdings ist die Spanung bei so einem sogenannten „Erdschluß" halb so hoch, also auch weniger gefährlich als zwischen dem Hin- und Rückleitungsdraht. Der Erdschluß kann nun aber eintreten in feuchten Räumen: in Waschküchen, Stallungen, Badezimmern u. dgl. Deshalb haben die Elektrizitätswerke auch besonders strenge Bestimmungen für die Installation in solchen Räumen erlassen. Z. B. darf man von der Badewanne aus weder Schalter noch Lampe noch geschweige eine Heizsonne od. dgl. berühren können, Steckdosen und Schalter sind im Badezimmer an bestimmte Installationsvorschriften gebunden. Solche müssen auch bei der Einrichtung elektrischer Küchen aufs sorgfältigste beachtet werden. In feuchten Räumen ist die aufgeweichte Haut wenig widerstandsfähig, das Wasser und seine Ableitung führen den Strom direkt in die Erde, und ein Berühren von offenen Drähten oder schadhaften Geräten kann deshalb bei Fehlen besonderer Schutzvorrichtungen hier wirklich ernsthaft gefährlich werden. Grundsätzlich soll man auch Kinder nie an Steckdosen spielen lassen, elektrische Kinderspielzeuge sollen über Kleintransformatoren oder durch Akkumulatoren betätigt werden, so daß irgendwie bedenkliche Spannungen nicht auftreten.

Im übrigen aber darf man die Gefahrmöglichkeit keinesfalls übertreiben. Gerade weil in der Tat ganz außerordentlich selten in Haushaltungen etwas geschieht — viel seltener als Stürze aus dem Fenster, Verbrennungen am Ofen usw. —, kann man getrost sagen: wer die Vorschriften seines Elektrizitätswerkes beachtet, wer sich seine Installation von einem guten Fachmann mit gutem Material hat ausführen lassen und nicht selbst daran herumbastelt, wer endlich beim Einkauf elektrischer Geräte auf das VDE-Prüfzeichen und gute Firmenmarken achtet und nicht dem Billigsten den Vorzug gibt — der darf im übrigen unbekümmert von den zahllosen Möglichkeiten Gebrauch machen, die ihm der elektrische Strom zur Annehmlichkeit und Mühe-, Zeit- und Arbeitsersparnis bietet. Wenn er überdies sich ein klein wenig dafür interessiert, was der elektrische Strom für ein seltsamer und doch so unendlich gutmütiger Geselle ist, so wird er ganz von selbst die wenigen Fahrlässigkeiten oder Torheiten vermeiden, die ihm Schaden eintragen könnten. Der elektrische Strom ist ein williger Diener, ein fleißiger Knecht und eine treue Magd — anspruchslos und unermüdlich. Nur ein klein bißchen gute Behandlung möchte auch er — und die wird ihm kein verständiger Mensch vorenthalten!

3. Kapitel

Elektrische Grundbegriffe und Maßeinheiten

Weil man den „elektrischen Strom" nicht sehen, nicht auf die Waage legen oder mit der Elle abmessen kann, ist es doppelt wichtig, sich über das Messen und Bemessen dieser geheimnisvollen „Naturkraft" zu unterrichten; zu wissen, wie und was denn dran ist, wie man Elektrizitätsverbrauch schätzen kann, was man zu bezahlen hat, wie man Fehler vermeidet usw. Man denkt oft, daß sei „theoretischer Formelkram", schwierige Begriffe, unter denen man sich nicht viel vorstellen, die man sich nicht merken kann. Nichts davon. Es ist wirklich alles sehr einfach, für niemand unverständlich, der in unserer heutigen technischen Welt lebt.

Wer einmal einen energischen Menschen kennengelernt hat, der weiß auch, was „energisch" heißt: tatkräftig oder willensstark und arbeitsfähig. Beides gehört zusammen. Leute, die viel Arbeit leisten, aber willensschwach sind, nennen wir allenfalls fleißig; Leute, die starke Willensäußerungen erkennen lassen, aber nicht zu arbeiten verstehen, sind impulsiv; energisch aber nur die, die einen starken Willen und eine hohe Arbeitsfähigkeit haben. Energie beim Menschen ist also das Zusammengehen von psychischer Willensstärke und physischer Arbeitsfähigkeit.

Nun gibt es aber Energie nicht nur beim Menschen, sondern auch in der Natur und Technik. Man schlage einmal die Zeitung auf: da steht etwas von der chemischen Energie, die man technisch z. B. im elektrischen Akkumulator verwendet; oder von der Sonnenenergie, die sich vor Millionen Jahren in den Energiegehalt der Kohle verwandelt hat und heute noch in unermeßlichen Mengen auf die Erde herniederströmt; da steht etwas von „Deutschlands Energiequellen", unter denen man die Wasserkräfte, die Kohlenlager und die geringen Ölvorkommen versteht. Was hat dies mit dem energischen Menschen zu tun? – Willensstärke wird man von toten Dingen wie Kohle und Wasser nicht gut verlangen können. Willen schreiben wir (bis heute) nur mit Geist begabten Wesen zu. Diesen psychischen Teil des Begriffes „Energie" müssen wir also abziehen, wenn wir von Energie in der Technik sprechen. Es bleibt also der physische Teil, die Arbeitsfähigkeit, übrig.

Wenn wir eine Uhrfeder aufziehen, so hat sie eine gewisse Arbeitsfähigkeit bekommen, eine gewisse Energie, die so lange anhält, wie die Feder gespannt bleibt. Wenn wir die Uhr ablaufen lassen, so wird diese Energie „frei", sie treibt die Uhrzeiger voran, sie leistet Arbeit. Die gespannte Energie war also aufgespeicherte Arbeit, gleichsam gefrorene Arbeit; Arbeit ist gleichsam flüssig gewordene Energie. Auf deutsch: Energie und Arbeit ist so ungefähr dasselbe, so wie Eis und Wasser dasselbe ist; nur der Zustand ist verschieden. Man wird meist „Energie" sagen, wenn man an die gespeicherte, gefrorene Arbeit denkt, man wird meist „Arbeit" sagen, wenn man die freiwerdende, dahinfließende Arbeit meint. Aber manchmal geht's auch durcheinander, der Techniker liebt im allgemeinen das Wort Energie und wendet es oft in beiden Fällen an.[1])

Es gibt verschiedene Formen der Energie. Wir erwähnten schon die Sonnenenergie, die sich uns als Licht kund tut, die aber auch vor allem in Form von Wärme zu uns kommt. Wärme ist eine Energieform, die leicht aus jeder anderen Form der Energie entsteht. Wie Mensch und Tier bei der Arbeit heiß werden und schwitzen, so entsteht Wärme beim Aneinanderreiben von Hölzern, bei jeder „Reibung"; Wärme entsteht vor allem aus chemischer Energie, bei dem bekanntesten aller chemischen Vorgänge, der Verbrennung. Wärme kann, wie wir im vorigen Kapitel sahen, auch mittels Elektrizität erzeugt werden, wenn man den Strom durch Widerstandsdrähte fließen läßt. Denn auch elektrischer „Strom" ist nichts anderes als eine Form der Energie; wir können sie in beliebige andere Energieformen umwandeln, in mechanische Energie mit Hilfe des Elektromotors, in Licht (Glühlampe), in Wärme, in chemische Energie usw.

Eine bestimmte Menge von elektrischem Strom ist also eine bestimmte Menge Energie oder Arbeit. Wenn wir Strom vom Kraftwerk beziehen, so kaufen wir „elektrische Arbeit" (was uns längst in Fleisch und Blut übergegangen

[1]) Ostwald sagt: Energie ist Arbeit und alles, was aus Arbeit (physikalisch) gewonnen oder in Arbeit verwandelt werden kann.

wäre, wenn wir statt von Kraftwerken von Energiewerken sprechen würden, die zwar „Kraft" haben, aber „Energie" = Arbeit verkaufen!). Wenn wir eine Waschfrau oder einen Teppichklopfer bestellen, so kaufen wir von diesen Personen menschliche Arbeit; wir kaufen sie nach Leistung und Zeit, für leichtere Arbeit zahlen wir 50—80 *Rpf* je Stunde, für schwere Arbeit 1 *RM* oder mehr, für komplizierte oder sehr

Was ist eine Kilowattstunde?

Eine Kilowattstunde stellt eine bestimmte Menge Arbeit oder Arbeitsvermögen (Energie) dar,

zum Beispiel:

Die Arbeit von 8 Menschen, die etwa 25 Minuten lang an einer Handfeuerspritze arbeiten:

oder:

Den Energiegehalt (Wärmegehalt) von etwa 100 Gramm Holzkohle:

oder:

Die Lichtabgabe von etwa 3 Litern Petroleum:

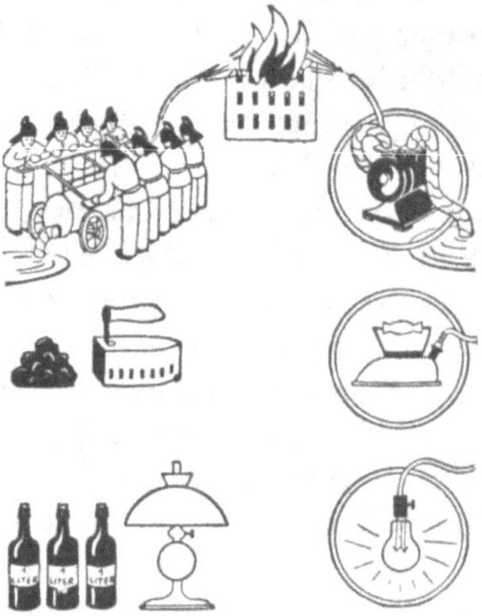

Tafel 1. Was ist eine Kilowattstunde?
Antwort: Eine bestimmte Menge Arbeit oder Energie.

anstrengende Arbeit *RM* 1.50 bis 2.50. Elektrische Arbeit zahlen wir auch nach Leistung und Zeit, ein fein konstruierter Zähler mißt sie und läuft bei schwacher Stromentnahme langsam, bei starker Stromentnahme schnell. Die Zähleinheit für elektrische Arbeit ist eine Kilowattstunde (kWh).[1] Jede Kilowattstunde bedeutet eine ganz bestimmte Menge elektrischer Energie, ob diese nun in einer kleinen Glühbirne bei schwachem Strom und langer Brenndauer verbraucht worden ist oder ob sie in kürzerer Zeit von einer Heizsonne verbraucht wurde,

[1]) 1 kWh = 1000 Wh (1000 Wattstunden).

die einen viel stärkeren Strom durchläßt als die Birne. Es ist ja verständlich, daß eine bestimmte Arbeitsmenge einmal in längerer, einmal in kürzerer Zeit geleistet wird. Das Wort „Kilowattstunde" ist insofern auch recht mißverständlich, man sollte es abschaffen und durch ein schlichteres, einprägsameres Wort ersetzen; nur unter ganz besonderen Bedingungen fällt der Verbrauch einer „Kilowattstunde" in den Zeitraum einer Stunde (s. u. S. 30). Wenn wir einen Teppichklopfer eine Stunde lang arbeiten lassen, so haben wir eine bestimmte Arbeitsmenge gekauft und bezahlen sie als eine „Teppichklopferstunde". Dieselbe Arbeit können wir vom elektrischen Strom verrichten lassen, wenn wir ihn zwingen, eine Viertelstunde lang einen Staubsauger zu betätigen. Wir kaufen dann eine bestimmte Menge elektrischer Arbeit und bezahlen sie in Kilowattstunden; und zwar braucht ein Staubsauger für eine Viertelstunde Arbeit etwa $^1/_{25}$ Kilowattstunde oder, anders geschrieben, 0,04 kWh. So gering diese Menge ist, der Zähler notiert sie, und wenn der Ableser kommt, müssen wir sie bezahlen.

„Elektrischer Strom", Elektrizität ist also eine Form der Energie, auch „elektrische Arbeit" genannt, die man in Kilowattstunden mißt und bezahlt.

Wenn man, wie wir früher sahen, elektrische Energie in Wärmeenergie umwandeln kann, so muß man aus einer Kilowattstunde, die ja eine ganz bestimmte Menge Energie darstellt, offenbar eine ganz bestimmte, stets gleiche Menge Wärme erhalten. Wärme mißt man in Wärmeeinheiten (WE) oder Kalorien (Kal). Man hat eine Wärmeeinheit so bemessen, daß man mit einer WE oder Kal diejenige Menge Wärme bezeichnet, die 1 l Wasser um 1° C erhitzt. Es gibt Meßeinrichtungen, die es uns gestatten, auf diese Weise überall die auftretenden Wärmemengen zu messen, auch wenn man kein Wasser damit erhitzt. So weiß man, daß 1 kg gute Steinkohle beim Verbrennen etwa 7000 WE erzeugt; wenn man also ohne jede Wärmeverluste wie z. B. ohne Miterwärmen der Herdwände und der Küche alle Wärme zum Erhitzen von 100 l Wasser verwenden könnte, so würde 1 kg Steinkohle diese 100 l um 70° C erwärmen. Praktisch geht das übrigens nicht, $^9/_{10}$ der Wärme gehen beim Kohleherd verloren, d. h. sie gehen an das Mauerwerk, die Luft oder mit dem Rauch aus der Esse. Die Elektrizität ist besser daran. Wenn man einen Tauchsieder ins Wasser steckt und Strom durch den Tauchsieder gehen läßt, so geht fast die ganze erzeugte Wärme, über 9/10 oder fast 100%, wirklich in das Wasser. Eine Kilowattstunde würde dabei (von den sehr geringen Verlusten abgesehen) 10 l Wasser um etwa 86° C erwärmen.[1]) Man sieht also, daß 1 kWh eine ganz hübsche Wärmemenge, eine ganz ansehnliche Energiemenge darstellt. Man sagt: 1 kWh erzeugt 860 WE. Um ein Glas Wasser zum Zähneputzen von 10° auf 35° (also um 25°) zu erwärmen, braucht man etwa 5 WE (ein Glas Wasser hat etwa 1/5 l Inhalt), man verbraucht dazu also etwa 5/860 = 1/172 kWh oder, wenn man auch die auftretenden Verluste (Miterwärmen des Glases, der Luft) sehr hoch ansetzt, immer noch weniger als 1/100 kWh (0,01 kWh).

Das alles gibt uns einen Begriff davon, welche Arbeits- oder Energiemenge eine Kilowattstunde darstellt. Diese elektrische Energie steht uns nun überall zur Verfügung, wo elektrische Leitungen vorhanden sind. Sowie wir den Stecker unserer Stehlampe oder unseres Bügeleisens in die Steckdose bringen, fließt Strom heraus, leistet die Elektrizität irgendeine Arbeit. Es ist gleichsam, als stellte das Kraftwerk mit seinen weitverzweigten Leitungen einen ungeheuren Vorrat an Energie dar, die unerschöpflich fließt, wenn man einschaltet. (In Wirklichkeit wird der Strom, wie wir wissen, fast ausnahmslos erst in dem Augenblick erzeugt, in dem er verbraucht wird. Die Elektrizitätswerke haben dauernd große Maschinen laufen, die automatisch mehr oder weniger Strom liefern, je nachdem die Konsumenten mehr oder weniger Motoren, Apparate und Lampen einschalten.)

Diese schwankende Stromabnahme hat zur Folge, daß die Stromerzeugungsmaschinen nicht gleichmäßig viel leisten, sondern sie leisten bald mehr, bald weniger. Wir kennen das ja schon aus dem ersten Kapitel. Die Leistung hängt davon ab, was für Geräte und Maschinen draußen bei den Abnehmern gleichzeitig in Betrieb sind. Nehmen wir z. B. einen Motor. Ein kleiner Motor braucht weniger Strom, aber er leistet auch entsprechend weniger als ein großer Motor. Und genau soviel, wie er leistet, muß das Elektrizitätswerk liefern. Es ist nun immerhin wichtig, daß man von vornherein weiß, wieviel das ist. Deshalb schreibt man auf die Motoren und Geräte auf das „Leistungsschild“

[1]) Über die Beziehungen zwischen „Wärme“ und „Temperatur“ siehe unten S. 65.

(Abb. 10 und 11), wieviel das betreffende Gerät leistet. Das läßt sich ja verhältnismäßig einfach ausdrücken. Ein Staubsauger verbraucht in einer Stunde 160 Wattstunden (0,160 kWh), ein Küchenmotor 400 Wattstunden (0,40 kWh), ein Bügeleisen 4–600 Wattstunden, eine

Was ist ein Kilowatt?

Das Kilowatt ist das Maß für eine Leistung

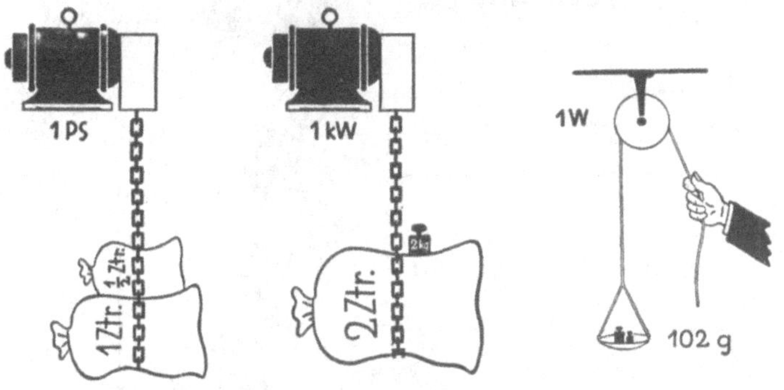

Das bekannteste Maß für die Leistung ist die „Pferdestärke" (PS). Durch 1 PS wird 1 kg in einer Sekunde 75 m hoch oder 75 kg werden 1 m hoch gehoben.

Das Kilowatt (kW) ist etwa $^1/_3$ größer als die Pferdestärke:

1 kW = 1,36 PS.

Ein Kilowatt kann also die 75 kg in einer Sekunde 1,36 m hoch, oder 1,36 × 75 kg = 102 kg 1 m hoch heben.

Ein Kilowatt hat 1000 Watt,

1 kW = 1000 W.

Ein Watt hebt also in der Sekunde 102 g 1 m hoch.

Tafel 2: Was ist ein Kilowatt?
Antwort: Das Maß für eine Leistung.

Kochplatte 1000 Wattstunden (1,00 kWh). Man braucht also nur anzugeben, wieviel Strom bei einstündigem Betrieb verbraucht würde, dann hat man einen zuverlässigen Vergleichsmaßstab. Es erweist sich aber als einfacher, nicht die Arbeitsmenge bei einstündigem Betrieb zum Vergleich zu wählen, sondern die Arbeitsmenge je Sekunde. Man bezeichnet nämlich allgemein die Arbeitsmenge je Sekunde als „Leistung" und hat darin einen Begriff für die „Stärke“ einer Maschine oder eines Gerätes. Dann braucht man auch nicht von „160 Wattstunden je Stunde“ zu sprechen, sondern man prägt für die „Leistung“, die Arbeit je Sekunde, einen kürzeren Begriff, nämlich die „Watt“ und „Kilowatt“ (1000 Watt). Der Staubsauger „leistet“ also „160 Watt (W)“, die Kochplatte „1000 W“ oder „1 Kilowatt (1 kW“. Nun

Was ist „Leistung“?

Ein Motor mit 8 PS (8 „Pferdestärken“) leistet doppelt soviel

wie

ein Motor mit 4 PS (4 „Pferdestärken“), dieser wiederum leistet doppelt soviel

wie

ein Motor mit 2 PS (2 „Pferdestärken“)

In einer Sekunde kann der 8-PS-Motor die doppelte Last ebensoweit fortbewegen wie der 4-PS-Motor, oder dieselbe Last doppelt so weit.

Diejenige Arbeit, die eine Maschine in einer Sekunde schaffen kann, nennen wir ihre „Leistung“.

Tafel 3. Was ist denn aber Leistung?
Antwort: Die Arbeit je Sekunde, ein Maßstab der Stärke.

verstehen wir auch den seltsamen Namen „Kilowattstunde“ für die elektrische Arbeit. Es ist diejenige Arbeitsmenge, die zu einstündigem Betrieb eines Gerätes von der Stärke (Leistung) 1 kW notwendig ist; und es leuchtet ein, daß ein halb so starkes Gerät (500 W) dieselbe Arbeit in der doppelten Zeit (2 Stunden) verbraucht. Und da man die Stärke der Kraftmaschinen nach der Stärke der Stromverbrauchsgeräte einrichten muß, so bemißt man auch jene nach Kilowatt, d. h. nach der Leistung, nach der sekundlichen Arbeitsmenge, die sie abzugeben vermögen. So haben wir Dynamomaschinen mit 3000, 10 000, ja bis zu etwa 100 000 kW. Sie werden je nach Anforderung in Betrieb oder außer Betrieb genommen, oder sind auch zeitweise nur mit einem Teil ihres Leistungsvermögens ausgenutzt.

Um einen Teppich zu entstäuben, braucht ein (schwaches) Tagmädchen etwa 1 Stunde ..... **Leistung:** Einen Teppich ausstäuben in 1 Std., $^1/_{3600}$ Teppich in 1 Sek.

Das Tagmädchen „leistet" etwa $^1/_{20}$ PS oder . etwa 40 Watt (40 W)

Das ergibt eine .... **Arbeit je Stunde:** 40 Wattstunden (= 0,04 kWh)

und einen .... **Arbeitsaufwand für 1 Teppichreinigen:** 1 Std. × 40 Watt = 40 Wattstunden

---

Um einen Teppich zu entstäuben, braucht ein (starker) Teppichklopfer etwa $^1/_2$ Stunde .... **Leistung:** Einen Teppich ausstäuben in $^1/_2$ Std., $^1/_{1800}$ Teppich in 1 Sek.

Der Teppichklopfer leistet etwa $^1/_{10}$ PS oder... etwa 80 Watt (80 W)

Das ergibt eine....................... **Arbeit je Stunde:** 80 Wattstunden (= 0,08 kWh)

und einen .... **Arbeitsaufwand für 1 Teppichreinigen:** $^1/_2$ Std. × 80 Watt = 40 Wattstunden

---

Um einen Teppich zu entstäuben, braucht ein Staubsauger etwa $^1/_4$ Stunde .... **Leistung:** Einen Teppich ausstäuben in $^1/_4$ Std., $^1/_{900}$ Teppich in 1 Sek.

Der Staubsauger leistet etwa $^1/_5$ PS oder.... etwa 160 Watt (160 W)

Das ergibt eine .... **Arbeit je Stunde:** 160 Wattstunden (= 0,16 kWh)

und einen .... **Arbeitsaufwand für 1 Teppichreinigen:** $^1/_4$ Std. × 160 Watt = 40 Wattstunden

Tafel 4. Wenn zwei dasselbe tun, so ist es nicht dasselbe!
Derselbe Arbeitsaufwand wird bei verschiedener Leistung in verschiedener Zeit bewältigt; in derselben Zeit wird bei verschiedener Leistung eine verschiedene Arbeit erzielt.

Vielfach bezeichnet man die Leistung von Maschinen nicht nach Watt (genannt nach dem Erfinder der Dampfmaschine) und Kilowatt, sondern nach Pferdestärken (PS). Diese Bezeichnung ist viel deutlicher, man kann sich dabei besser etwas vorstellen, auch wenn die Leistung eines Pferdes meist geringer, selten gleich einer „Pferdestärke.[1]) Ein Kilowatt ist etwa $^1/_3$ mehr als eine Pferdestärke (1 kW = 1,36 PS; 1 PS = 0,74 kW = 740 W). Und wenn man auch bei anderer als maschineller Arbeit diese Begriffe der „Leistung" nicht anwendet, so erkennt man sie doch stillschweigend an: für ein zweipferdiges Gespann zahlt man mehr als für ein einpferdiges, einem Möbelpacker gibt man einen höheren Stundenlohn als einer Aushilfe für leichte Arbeit. Wer stärker ist, „leistet" mehr, er wird also in einer Stunde mehr Arbeit schaffen als der Schwächere, und für diese größere Arbeitsleistung zahlt man mehr Geld als für die geringere, obwohl beide die gleiche Zeit gekostet haben. Der Stromverbrauch eines Motors mit 150 W Leistung kostet in der Stunde den Preis von 0,15 kWh, der eines Motors mit 500 W Leistung kostet den Preis von 0,5 kWh oder einer halben Kilowattstunde; letzterer hat eine „Leistung", eine Stärke von „500 W", und dank dieser vermag er in einer Stunde die „Arbeitsmenge" „½ kWh" als Strom aufzunehmen und als nutzbare Arbeit abzugeben.

Damit nun der Strom überhaupt fließen und Arbeit leisten kann, muß, wie wir schon wissen, ein elektrischer Druck, ein Spannungsgefälle vorhanden sein; und es ist einleuchtend, daß die Größe dieses Druckes, den wir kurz mit „Spannung" bezeichnen, auf die Arbeitsleistung Einfluß hat. Wenn nun jeder Strombezieher darauf aufpassen müßte, daß der Strom die „richtige" Spannung hat, so wäre das eine lästige und schwierige Aufgabe. Diese Sorge übernimmt darum das Elektrizitätswerk. Es sorgt dafür, daß die Elektrizität im Netz jederzeit dieselbe Spannung hat. Man mißt die Spannung in „Volt" (genannt nach Volta, dem italienischen Physiker) und legt ein für allemal fest: in unserem Versorgungsbezirk soll die Spannung für den Haushalt stets 110 Volt (V) oder 220 V oder dergleichen betragen.

[1]) Man rechnet bei Tieren etwa auf 750 kg Gewicht bei Dauerleistung 1 PS; der Mensch vermag bei Dauerleistung des ganzen Körpers (Bergsteigen) 100 bis 200 W zu leisten, mit einzelnen Gliedmaßen entsprechend weniger. Kurzzeitige Leistungen von etwa 1 PS kommen auch beim Menschen vor, zum Beispiel beim Hinaufstürmen eine Treppe.

Die Hausfrau, der Hausherr oder ein guter Bekannter, der dem einen oder anderen ein elektrisches Gerät schenken will, muß also von der Spannung nur diese – für seinen Wohnsitz stets festliegende – Ziffer kennen; jeder Apparat (mit geringen Ausnahmen), jede Glühbirne, jeder Motor paßt nur zu einer gewissen Spannung, man muß beim Einkaufen und vor dem Benutzen also nachsehen, ob die Voltzahl (die auf jedem Gerät draufsteht) mit der Spannung in der betreffenden Wohnung übereinstimmt. Am sichersten liest man sie auf dem Schild ab, das auf dem Zähler angebracht ist.

Das ist aber auch das einzige, was man „im Hausgebrauch" von der Spannung wissen muß. Dagegen muß man, ehe man ein neues Gerät benutzt („anschließt", wie es heißt), noch darauf achten, ob man denn das betreffende Gerät überhaupt an der betreffenden Stelle benutzen kann. Was das heißt? – Nun, daß man einen Straßenbahnmotor nicht mit einem einfachen Stecker an die Lichtleitung anschließen kann, das sieht jeder ein. Er ist zu „stark", er hat zuviel „Leistung", mehr als die Lichtleitung im Hause hergeben kann. Wir wissen, daß die Arbeitsleistung von der gegebenen Spannung abhängt. Sie wird aber außerdem bestimmt von der Stärke des Stromes, den das Gerät in sich aufnimmt. Und die zulässige Stromstärke ist bekanntlich für jede Leitung begrenzt, und damit ja nicht aus Versehen einmal stärkere Ströme herausgeholt werden als solche, für die die Leitung gebaut ist, dafür hat man ja überall Sicherungen angebracht. Sowohl auf dem Zähler wie auf den Sicherungen steht drauf, wie starke Ströme man ihnen zumuten darf: 6 A, 10 A (oder „Amp") usw. Das bedeutet 6 bzw. 10 Ampere. A m p e r e ist die Einheit der S t r o m s t ä r k e (nach dem französischen Physiker Ampère benannt). Stromstärke, das ist offenbar die Stärke, die „Dichte" des Stromes. Leider müssen wir hier wieder vor einem Mißverständnis warnen. Wir sprachen eben von der „Pferdestärke" und dem ihr verwandten „Kilowatt", der Einheit für die „Stärke" = „Leistung" des Stromes. Ampere ist etwas anderes. Man denke an einen „starken" (leistungsfähigen) Menschen, der mager sein kann, und an einen „starken" (dicken) Menschen, der schlapp sein kann. Mit Ampere also ist die letztere „Stärke" gemeint. Wir hörten früher, daß man sie nach der Anzahl elektrischer Ladungseinheiten messen kann, die in einer Sekunde durch irgendeine Stelle der Leitung hindurchfließen. Stromstärke und Spannung sind für die Arbeitsleistung des Stromes maßgebend, und da sich ja die Spannung in einer Wohnung nicht verändert, so hängt es nur von der benötigten Stromstärke ab, ob man ein Gerät an die Steckdose anschließen kann oder nicht. Hier haben wir also den Zusammenhang zwischen Stromstärke und Leistung!

Sehen wir uns nun einmal das Schild oder die Aufschrift an, die sich auf jedem Stromverbrauchsgerät befindet. Auf einer Lampe steht z. B.: „220 V 60 W" (Abb. 10); oder auf einem Staubsauger: „110 V 160 W" (Abb. 11). V heißt Volt, W heißt Watt. Watt ist das Maß

Abb. 10. Aufschrift auf einer Glühlampe: 220 V 60 c 20 Nitra bedeutet Nitra-Lampe 220 V 60 W; c 20 ist eine Fabrikationsbezeichnung.

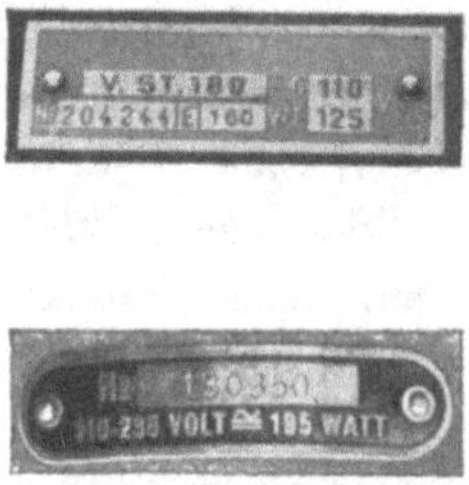

Abb. 11. Leistungsschilder: oben älteres Schild, V. St. 180 Nr. 204244 E sind Fabrikationsbezeichnungen, G = Gleichstrom 110 V, E = Einphasenwechselstrom 125 V; die Leistung beträgt 160 W. — Unten neueres Schild, die Bezeichnung unter der Nummer bedeutet: 210—235 V Gleich- bezw. Wechselstrom, 195 W Leistung.

für die Leistung, und diese hängt ja — wo doch die Spannung sich nicht verändert — nur noch von der Stromstärke ab! Und zwar in sehr einfacher Form: die Leistung (Watt) ist gleich Spannung (Volt) mal Stromstärke (Ampere). Oder ich kann das herumdrehen: wenn ich die „Watt" durch die „Volt" teile (dividiere), so erhalte ich die „Ampere". Also: die Lampe mit 220 V 60 W braucht ungefähr 0,3 (etwa $^1/_3$) A, denn 60 : 220 = etwa 0,3; der Staubsauger mit 110 V braucht etwa 1,4 A, denn 160 : 110 = etwa 1,4. Das behält man sehr schnell. Denn wenn man in seiner Wohnung 110 V hat, so ändert sich daran nichts, ein Gerät mit 500 W wird immer etwas weniger als 5 A (500 : 110), eins mit 700 W ungefähr $6^1/_2$ A (700 : 110) aufnehmen; hat man 220 V, so braucht man für 500 W nur ungefähr $2^1/_3$ A (500 : 220), für 700 W nur etwas über 3 A (700 : 220) usw. Die Wattzahl gibt also einen Anhaltspunkt für die Amperezahl, auch der Ungeübte kann die Rechnung im Kopf machen und dementsprechend beurteilen, ob er das Gerät „anschließen" kann oder nicht, je nachdem ihm seine 4-, 6- oder 10-A-Sicherungen durchschmelzen würden oder nicht. Wenn er 5 Lampen zu je 60 Watt brennen hat, zugleich eine Kochplatte mit 1000 Watt, zusammen also 1300 Watt (oder, was dasselbe ist, 1,3 Kilowatt) in Anspruch nimmt, so braucht er insgesamt bei 220 V Spannung 1300 W : 220 V = 5,9 A; also gerade soviel, daß eine Sicherung von 6 A, die er wahrscheinlich am Zähler hat, noch standhält. Schaltet er nun noch eine Heizsonne mit 500 Watt dazu, so muß die Sicherung „durchbrennen".

Man wird vielleicht fragen, warum man denn die „Watt" am Apparat stehen hat und nicht gleich die „Ampere", dann brauchte man doch überhaupt nicht zu rechnen. Stimmt. Aber die Rechnung ist ja sehr einfach, und für den Geldbeutel sind die „Watt" viel wichtiger. Nach den „Watt" und „Kilowatt" richtet sich ja die Stromrechnung. Zwar bezahlen wir nicht die Kilowatt, sondern die Kilowattstunden, denn wir bezahlen ja auch nicht die Waschfrau, sondern die Waschfrauenstunden. Je „stärker" unser Motor oder Gerät ist, eine je höhere „Leistung" sie haben, um so mehr elektrische Energie brauchen sie, um so mehr Arbeit oder Wärme oder Licht geben sie ab, um so mehr Kilowattstunden muß man dafür bezahlen – genau so, wie man für die Arbeitsstunde eines starken Möbelpackers mehr zahlen muß als für die eines schwachen Tagmädchens. Die Arbeit des elektrischen Gerätes ist eben der „Stromverbrauch", den der Zähler in Kilowattstunden mißt und aufschreibt.

Da ertappen wir unsere Techniker aber leider wiederum bei einem mißverständlichen Wort: dem Wort „Stromverbrauch". Wenn der Strom verbraucht ist, wozu denn dann die umständliche Rückleitung zum Elektrizitätswerk?! – Es ist doch wohl gar kein Strom mehr da, sobald dieser ein „Strom v e r b r a u c h s gerät" durchflossen hat? Oder doch?

Wir hörten früher, daß der Stromdurchgang durch einen Draht oder durch viele miteinander verbundene Drähte vergleichbar sei dem Hindurchdrücken zahlloser Kugeln durch ein Rohr, wobei also an einem Ende so viele Kugeln herauskommen, wie am anderen hineingesteckt werden, und wir hörten, daß in der Dynamomaschine im Elektrizitätswerk der

Stromfluß erst dann entsteht, wenn beide Pole der Maschine irgendwie, also unter Umständen nach kilometerlangen Umwegen, miteinander verbunden werden und der Strom ununterbrochen zurückfließen und aufs neue durch die Maschine zum Ausfließen gebracht werden kann. Es wird also kein Strom „verbraucht", und an jedem Punkt im ganzen Stromkreis müssen binnen einer Sekunde gleich viele Elektronen hindurchmarschieren, so daß, wie man sagt, im ganzen Kreis bis zuletzt die gleiche „Stromstärke" herrscht. Ja, was wird denn nun aber verbraucht? – Die Energie des Stromes, sein Arbeitsvermögen. Dieses hängt, wie wir wissen, von der Stromstärke, von der Mächtigkeit des Elektronenflusses ab, von der Anzahl Elektronen, die in der Sekunde an irgendeiner Stelle hindurchfließen. Aber damit der Strom Arbeit leisten kann, muß ja auch ein Spannungsgefälle da sein, und auch die Größe dieses Spannungsgefälles ist ja für die Energie, das Arbeitsvermögen, bestimmend. Man vergleicht das oft mit der Arbeitsleistung des Wasserfalles. Auch hier ist sowohl das „Gefälle" für die Leistung des Wassers maßgebend als auch die Wassermenge, die in einer Sekunde herunterfließt. Aber kein Tropfen des Wassers wird „verbraucht". Das Wasser ist oben auf dem Berg und unten im Tal das gleiche, es fließt in gleicher Menge oben ein und unten aus. Es sind ganz ebenso dieselben Elektrizitätsmengen, die in die Heizplatte ein- und aus ihr heraustreten. Aber sie haben ein erhebliches Spannungs„gefälle" hinter sich, sie sind mit hoher Spannung eingetreten und treten mit geringer Spannung aus, so wie das Wasser beim Herunterfallen sein Arbeitsvermögen aufgebraucht oder abgegeben hat und nun unten ohne Arbeitsvermögen weiterfließt. Der verbrauchten Spannung entspricht die geleistete Arbeit. Man könnte also auch von „Spannungsverbrauch" statt von „Stromverbrauch" sprechen. Merken wir uns: das Wesentliche ist der Energieverbrauch, der Arbeitsverbrauch. Mit Energie geladen tritt der Strom ein, er gibt seine Energie in dem betreffenden Gerät ab (verliert dabei seine Spannung) und fließt leer und schlapp (aber mit unverminderter „Stromstärke", siehe oben!) wieder zurück zum Elektrizitätswerk, wo ihn die Dynamomaschine gleichsam wie eine Pumpe wieder auf hohe Spannung bringt und mit Energie lädt.

Und nun wissen wir alles und stellen es noch einmal zusammen:

Elektrizität, „elektrischer Strom" ist eine Form der Energie; wir messen und kaufen sie in Kilowattstunden, der Maßeinheit der elektrischen Arbeit (1 kWh = 1000 Wh).

Um elektrische Energie wirken zu lassen, muß die Elektrizität mit bestimmtem Druck, bestimmter „Spannung", angeliefert werden. Diese Spannung wird vom Elektrizitätswerk stets auf gleicher Höhe gehalten. Wir beziffern sie in Volt, in den Wohnungen haben wir meist 110 V oder 220 V oder dergleichen, jedoch nicht einen Tag 110 V, am anderen Tag 220 oder 500 oder 50 V, sondern stets dieselbe Voltzahl.

Elektrische Lampen und Geräte fast aller Art können nur verwendet werden, wenn die Voltzahl, für die sie gebaut sind, mit der Spannung in unserer Wohnung übereinstimmt. Ferner kann man sie nur verwenden, wenn sie nicht stärkere Ströme (größere Elektrizitätsmengen pro Sekunde) benötigen und aus der Leitung entnehmen und durch sich hindurchfließen lassen, als der Hausinstallation, vor allem den Sicherungen am Zähler, entspricht. Hierfür ist die Wattaufnahme (Anschlußwert) des Gerätes maßgebend. Die Stromstärke in Ampere (A) berechnen wir, indem wir die Anzahl der Watt durch die Anzahl der Volt teilen (Ampere = Watt: Volt).

Watt (W) oder Kilowatt (kW = 1000 W) bezeichnet die Stärke oder „Leistung" des elektrischen Gerätes. Sie wird berechnet aus der gegebenen Spannung und der vom Apparat durchgelassenen Stromstärke. Watt = Volt × Ampere. Je „stärker" ein Apparat, um so mehr Arbeit „leistet" er in einer Sekunde oder in einer Stunde. Soviel mechanische Arbeit oder Licht oder Wärme ein Gerät leistet, soviel elektrische Arbeit (Energie) verbraucht es. Der Verbrauch an elektrischer Arbeit (der Stromverbrauch, gemessen in Kilowattstunden) errechnet sich also aus der Wattaufnahme und der Betriebszeit: Watt mal Stunden = Wattstunden; oder, damit man kleinere Ziffern bekommt: Kilowatt mal Stunden = Kilowattstunden.

Wir sind wieder bei der elektrischen Arbeit angelangt, und jeder weiß nun, wofür er sie bezahlt!

4. Kapitel

Der Weg des Stromes im Hause

Die Wasserleitung im Hause muß sorgfältig und mit Vorbedacht angelegt sein, damit das Wasser nicht am unrechten Fleck ausfließt, sondern Nutzen stiftet. Ebenso muß auch eine Stromleitung von besten Fachleuten planmäßig angebracht sein, der Laie hat seine Finger davon zu lassen und dem Fachmann nicht ins Handwerk zu pfuschen. Diese Fachleute heißen Installateure, ihr Werk ist die Installation.

Installieren heißt einrichten. Die elektrische Installation ist also die „elektrische Einrichtung". Im Hause bezeichnen wir damit die gesamte Leitungsanlage mit den dazugehörigen Teilen, die wir alle kennen und doch wieder nicht kennen, so daß es nicht überflüssig ist, darüber ein paar Worte zu sagen und dabei noch ein paar Besonderheiten des elektrischen Stromes kennenzulernen.

Alle Drähte und Installationsteile, die „Spannung führen", d. h. also, die unter „elektrischem Druck" stehen, von denen der elektrische Strom sich seinen Weg zu Punkten mit niedrigerer Spannung sucht, müssen isoliert sein. Nirgends dürfen die metallenen Teile, die den Strom fortführen oder wirksam werden lassen, frei offen liegen, so daß etwa der Strom sich einen kürzeren Weg sucht als ihm vorgeschrieben ist, oder daß man mit der Hand darankommen könnte. Dem beugt man vor durch „Isolation", d. h. durch Umkleidung mit nichtleitenden Stoffen wie Gummi, Preßmasse, Porzellan, Seide usw. Diese Isolation darf nirgends verletzt sein, die Verbindungsstellen (Kontakte) z. B. zweier aneinandergekuppelter Drähte oder zwischen Drähten und Geräten müssen ebenfalls isoliert oder so angebracht sein, daß man weder aus Fahrlässigkeit noch zwecks Inbetriebnahme mit Teilen in Berührung kommen kann, die Spannung führen oder durch die Strom hindurchfließt. Die manchmal etwas seltsam anmutenden Bestimmungen des VDE und die dementsprechenden Formen der vorschriftsmäßigen Stecker, Zwischenstecker usw. sind häufig dadurch begründet.

Solange es nur Gleichstrom gab, war der Weg des Stromes einfach: er „floß" durch den Hinleitungsdraht zum Verbrauchsort und von da durch den „Rückleitungsdraht" wieder zurück zum Elektrizitätswerk. Bei Wechselstrom „fließt", über größere Zeiträume betrachtet, nichts mehr, sondern nach $^{1}/_{100}$ Sekunde hört der Stromfluß auf und kehrt um, die mutmaßlichen Elektronen schwingen also hin und her, was ja aber dieselbe Wirkung hat wie das permanente Nachdrücken von Energie beim Gleichstrom.

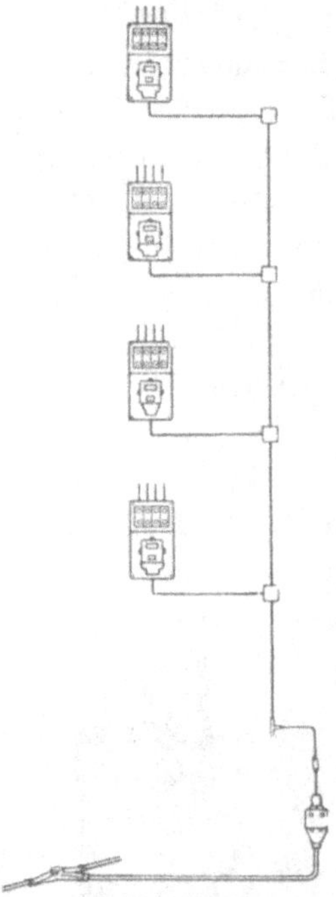

Abb. 12. Schema für den „Weg des Stromes im Hause": vom Kabel über den Hausanschlußkasten in die Haupt- oder Steigeleitung, von da zu den einzelnen Wohnungen, wo erst der Zähler zu durchlaufen ist, und dann vor der Abzweigung in einzelne Stromkreise die Sicherungen.

Meist an geschützter und abgeschlossener Stelle im Keller befindet sich der Punkt, an dem von der Straße her durch die Mauer hindurch das Zuleitungskabel in das Haus eingeführt ist, der „Hausanschluß". Seltener, vor allem auf dem Lande, wird die Leitung von oben durch „Dachständer" eingeführt (Abb. 12 und 13). In einem „Hausanschlußkasten" (Abb. 14) endet das Kabel, hier beginnt die „Hausinstallation". Bei Gleichstromversorgung besteht diese aus dem Stromzuführungsdraht, der zu den einzelnen Wohnungen und, in mannigfacher Verzweigung, zu deren vielen Anschlußstellen – Brennstellen, Steckdosen, festangeschlossenen Herden usw. – hinführt, und dem Rückleitungsdraht, der von den genannten Punkten wieder zurückführt zum Hausanschluß und von da zum Kabel (bei Drehstromversorgung tritt an die Stelle des Zuleitungsdrahtes eine Drehstromphase, an die Stelle der Rückleitung eine andere Phase oder der Nulleiter, näheres im „Sachwortverzeichnis"). In dem Hausan-

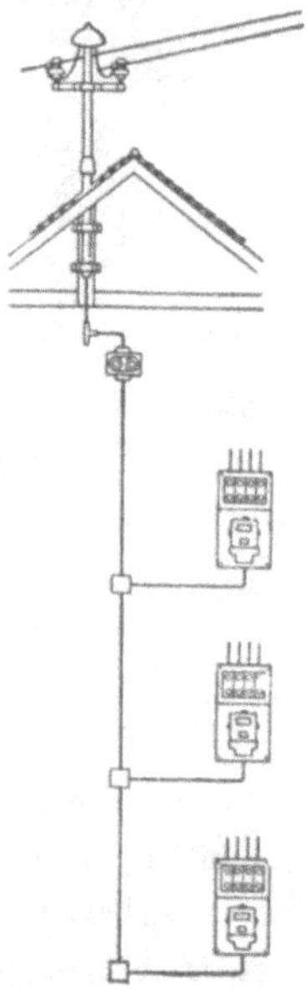

Abb. 13. Dasselbe wie Abb. 12, jedoch tritt der Strom aus einer Freileitung über den Dachständer von oben her in die Hauptleitung ein.

schlußkasten sind erst Sicherungen zu durchlaufen, die Hausanschlußsicherungen, die bei besonders schweren Überlastungen oder Kurzschlüssen ihren Dienst tun. In den einzelnen Wohnungen gelangen die Drähte dann entweder entlang den Wänden oder, wenn es sich um höher gelegene Stockwerke handelt, durch die „Hauptleitung“ oder „Steigeleitung“, eine kräftige (vielfach leider nur nicht genügend kräftige) emporsteigende Leitung etwa in einem Lichthof, von der die einzelnen Wohnungsanschlüsse abgezweigt werden. In der Wohnung sind die Leitungen entweder „auf Putz“ oder „unter Putz“ verlegt. Letzteres ist schöner und sollte bei guten Wohnhäusern die Regel sein, auch weil die Drähte dann keinen äußeren Beschädigungen ausgesetzt sind. Die Drähte liegen nicht frei im Mörtel, sondern sind durch Rohre gezogen, die in den Verputz eingelegt sind. Bei Verlegung auf Putz verwendet man ebenfalls meist zum Schutz dünne Messingrohre (siehe Abb. 17), an besonders gefährdeten Stellen auch Stahlpanzerrohre. Für feuchte Räume, Stallungen usw. kommen besondere „Feuchtrauminstallationen“, besonders sorgfältig isolierte und geschützte Drähte, Schalter usw. in Frage.

Abb. 14
Hausanschlußkasten, geöffnet.

In den Wohnungen ist zunächst der Zähler (Abb. 15) oder bei besonderen Tarifsystemen sind mehrere Zähler zu durchlaufen, deren Zweck die fortlaufende selbsttätige Verzeichnung der verbrauchten Kilowattstunden ist. Hinter einer Glasscheibe sieht man die diesbezüglichen Ziffern, die durch ein Zählwerk je nach der Stromentnahme betätigt werden. Der Zählerableser notiert jedesmal den Zählerstand und berechnet aus dem Vergleich mit dem letztvorhergegangenen Zählerstand die zwischenzeitlich verbrauchten Kilowattstunden (Abb. 16).

Abb. 15.
Zähler u. Abzweigsicherungen auf einem Brett vereinigt.

Ein Schild auf dem Zähler gibt Stromart, Zählertype, zulässige Stromstärke und Spannung an, für die der Zähler gebaut ist. Meist oberhalb des Zählers sind die *Sicherungen* (oder *Automaten* s. S. 19) angebracht, die der Strom zu durchlaufen hat. Die Sicherungen (Abb. 7 und 17) bestehen aus kleinen Porzellankörpern, sogenannten Patronen, die durch aufgesetzte Schraubkappen in den Sicherungselementen festgehalten werden. Bei den meistgebräuchlichen zylindrischen Patronen ragt an einer Seite ein metallbeschlagener Stift heraus, auf der anderen

Abb. 16. Ablesen des Zählers: Der Zähler zeigt links 0045,1 = 45,1 kWh, rechts 0090,3 = 90,3 kWh. Wenn die Ziffer links den Zählerstand vor 2 Monaten wiedergibt und die Ziffer rechts den jetzigen, so sind in der Zwischenzeit 90,3 — 45,1 = 45,2 kWh verbraucht worden.

Seite ist ein Metallrand, auf dem Stromstärke und -spannung aufgezeichnet sind, in der Mitte ein *farbiges Plättchen*, dessen Farbe der Stromstärke entspricht (z. B. grün 6 A, rot 10 A). Im Innern sind diese Metallbeschläge durch einen feinen Silberdraht miteinander verbunden, der bei höheren als den bezeichneten Stromstärken durchschmilzt. Außerdem springt dann das farbige Plättchen ab, so daß man sofort erkennen kann, welche Sicherung durchgeschmolzen ist. Oder aber es sind Sicherungselemente und Schraubkappe in einem Stück vereinigt. In den meisten Wohnungen sind 6-A-Sicherungen angebracht, nur in seltenen Fällen 10 A, kaum mehr. Für elektrische *Küchen* genügen 6-A-Sicherungen im allgemeinen nicht, für 2- bis 4-Zimmerwohnungen sollten zum Betrieb vollelektrischer Küchen Zähler und Sicherungen bei 110 V mindestens für 20, bei 220 V für 10 A eingerichtet sein, für größere Familien entsprechend mehr. Natürlich genügt es nicht, einfach stärkere Sicherungen einzuschrauben, sondern von der Steigeleitung an müssen sämtliche Leitungen, Zwischenverbindungen usw. die stärkeren Ströme aushalten. Der Fachmann allein kann dies prüfen und die Installation abändern. Deshalb sind die Sicherungen und die **S i c h e r u n g s e l e m e n t e** (Gehäuse, Abb. 17), in die die Sicherungen eingebracht werden, so gebaut, daß in letztere nur Sicherungen einer bestimmten Stromstärke passen, allenfalls schwächere, nicht aber stärkere, so daß unbefugtes oder irrtümliches Einschrauben falscher Sicherungen unmöglich ist. Ist eine Sicherung **d u r c h g e b r a n n t**, so kann der Anlaß eine zufällige oder fahrlässige Überlastung oder auch ein Defekt in

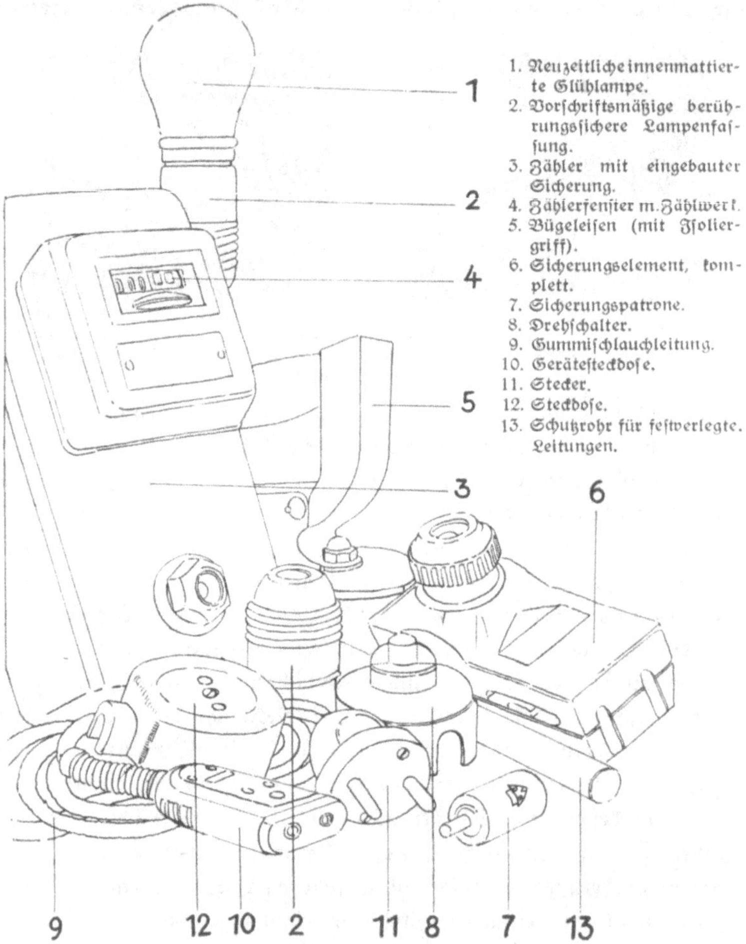

Abb. 17. Was auf dem Titelblatt dieses Buches alles zu sehen ist!

der Anlage oder einem Gerät sein. Ehe die Störung behoben ist, würde die Sicherung immer wieder durchschmelzen; Automaten ließen sich ebenfalls nicht wieder in Betrieb setzen. Der Fachmann allein kann zuverlässig den Fehler finden und ausbessern. An sich ist das Auswechseln einer Sicherung eine Kleinigkeit. Man wechselt verbrauchte Schraubsicherungen gegen unversehrte aus, bei zweiteiligen Sicherungen wird die Schutzkappe abgeschraubt, die darinsitzende, durchgeschmolzene Patrone herausgenommen, eine neue gleichartige (auf Volt- und Ampere-Ziffer achten!) so hineingesteckt, daß das Farbplättchen durch das Glas der Schutzkappe zu sehen ist, und beides zusammen in das Sicherungselement eingeschraubt.

Vom Zähler gehen meist mehrere „Stromkreise" aus, d. h. der Strom teilt sich und durchläuft auf dem einen seiner Wege beispielsweise Wohn- und Eßzimmer, auf einem anderen Flur und Küche usw. Jeder dieser Stromkreise ist für sich noch einmal gesichert, die Abzweigung und die einzelnen Sicherungen liegen meist gleich hinter dem Zähler und sind in der Regel mit diesem auf dem Zählerbrett oder „Schaltbrett" (oder -tafel) vereinigt. Die Zuleitungsdrähte führen zu den „Brennstellen" durch Schalter, die an der Wand oder an der Lampe selbst angebracht sind. Die Schalter unterbrechen, wenn sie ausgeschaltet sind, die Stromzufuhr und stellen sie beim Einschalten für die ganze Beleuchtung oder — bei Mehrfachschaltern — für Teile davon her. Sie sind meist nur innerhalb gewisser Stromstärken verwendbar, ebenso wie die Leitungen. Es ist daher nicht ganz unbedenklich, die sonst sehr handlichen Schraubstöpsel (Abb. 18) in die Lampenfassungen einzuschrauben und Bügeleisen oder gar Heizsonnen oder Kochplatten daran anzuschließen; auch hier sollte vorher der Fachmann zugezogen werden.

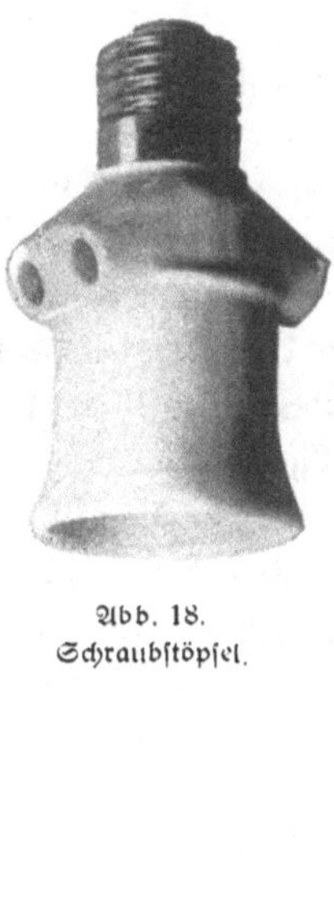

Abb. 18.
Schraubstöpsel.

Das Auswechseln von Birnen besteht einfach im Ausschrauben der verbrauchten und Einschrauben der neuen Glühlampe in die Lampenfassung. Zweckmäßigerweise achtet man darauf, daß vorher der Schalter ausgeschaltet wurde. Vorschriftsmäßige „Fassungen" sollen zwar auch ein Berühren spannungführender Teile unmöglich machen; da sich leider aber noch viel minderes

Material im Gebrauch befindet, gehe man in der Vorsicht lieber etwas weiter, auch wenn man einen kleinen „Knax" nicht fürchtet. Ganz besondere Vorsicht ist aber wie immer in feuchten Räumen (Waschküchen, Küchen usw.!) geboten. Man schraube, wenn man seiner Sache nicht sicher ist, lieber auch die Sicherung des betreffenden Stromkreises heraus, stelle sich nicht unmittelbar auf feuchten Boden und trockne sorgfältig die Hände, ehe man die Fassung berührt. Auf vorschriftsmäßiges Material muß man hier ebenfalls besonders achten.

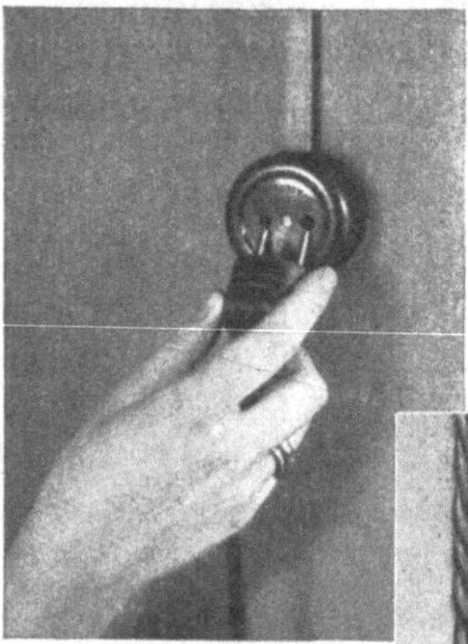

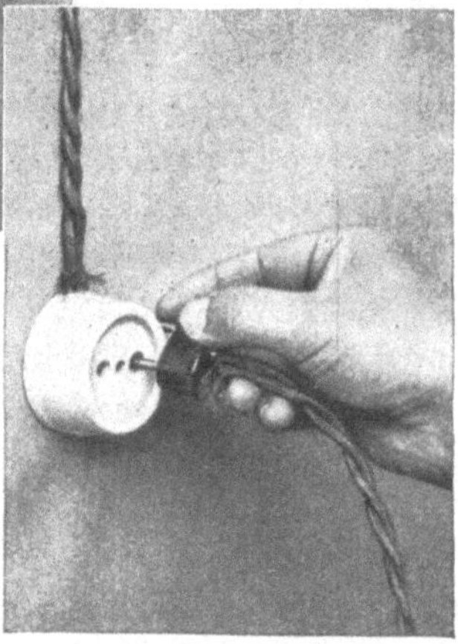

Abb. 19. Gutes Material (oben) und schlechtes (rechts): Hier kann überdies versehentlich einpoliges Einführen des Steckers vorkommen, das den Finger, der den andern Stift berührt, und damit den Menschen gefährdet.

Große Strommengen werden dem Gebrauch durch Steckdosen zugeführt, sei es, daß daran Tisch- oder Stehlampen angeschlossen, sei es, daß irgendwelche Haushaltgeräte in Betrieb genommen werden. Diese tragen an der Zuleitungsschnur einen Stecker, der in die Steckdose eingeführt und so zum Mittler der „Elektrizität in jedem Gerät" wird – als solcher dient er in der Stromwerbung ganz allgemein als Symbol des Stromverbrauches (Abb. 19, auch Abb. 17 und 27). In vielen Steckdosen befinden sich noch schmale Sicherungsstreifen, Lamellen genannt, die aber nach neueren Vorschriften vermieden werden sollen, weil die Zuleitung in allen Teilen den Stromstärken entsprechen muß, auf die der ganze Stromkreis gesichert ist.

Es besteht deshalb kein Grund mehr, in der Steckdose noch besondere Sicherungen anzubringen.

Auf dem weiteren Weg durchläuft der Strom nun das elektrische Gerät, in dem er seine Arbeit verrichtet. Ist es eine Glühlampe, so dient dazu ein im kleinen Raum des Glaskolbens untergebrachter Draht, der durch den Strom zur Weißglut erhitzt wird und dadurch Licht ausstrahlt. An der Luft würde selbst das kostbare Wolframmetall

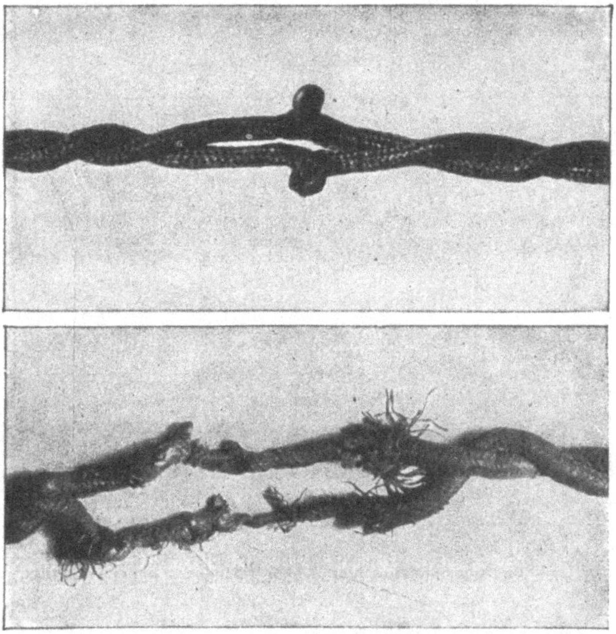

Abb. 20. Zuleitungsschnüre, wie sie nicht sein sollten und leider doch immer wieder zu sehen sind.

dieses Drahtes bei solcher Hitze – der Draht erreicht Temperaturen von weit über 2000 Grad – verbrennen; deshalb sind die Glühlampen bei geringeren Stärken (bis 40 oder 60 Watt) luftleer gepumpt, bei höheren Stärken mit Stickstoff (einem etwa 4/5 der Luft ausmachenden, im Gegensatz zum restlichen Sauerstoff chemisch fast unwirksamen Gas) gefüllt (gasgefüllte, auch Nitralampen genannt; die immer noch häufige Bezeichnung „Halbwattlampen" ist zu vermeiden; sie soll besagen, daß für jede Kerzenstärke – Lichtstärke der Lampe –

ein halbes Watt Stromaufnahme notwendig sei. Das ist nur für große Lampen richtig; in den gebräuchlichen Größen sind es 3/4 bis 5/4 Watt je Kerze oder je „Hefnerkerze“).

Auch bei Heiz- und Kochgeräten werden Drähte, wie wir wissen, durch den Stromdurchfluß erwärmt, Drähte aus Metallen (z. B.

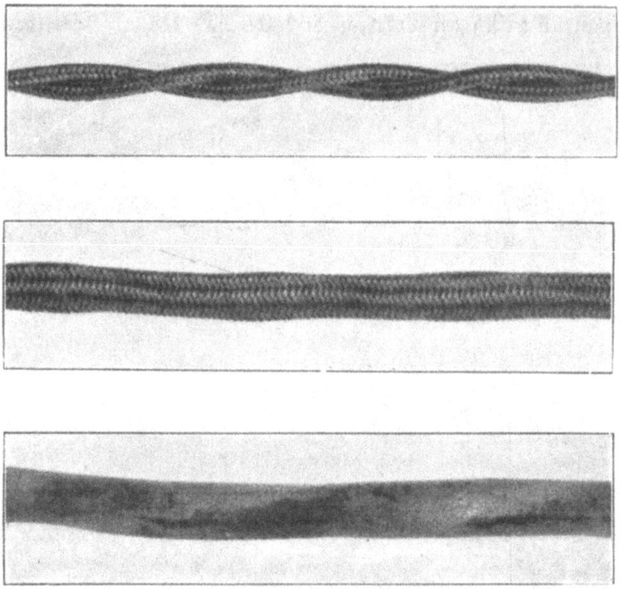

Abb. 21. Verdrillte Schnur (oben; schwache Schnüre dieser Art sind zu vermeiden), vorzuziehen sind umsponnene Gummiaderleitung (Mitte) und Gummischlauchleitung (unten).

Chromnickel), die im Gegensatz zum Kupfer dem Strom einen hohen Widerstand bieten. Diese Heizdrähte oder „Heizwiderstände“ müssen gegen die Umgebung gut isoliert sein, z. B. beim Bügeleisen, das meist ganz aus Eisen besteht und bei schlechter Isolation mit dem Strom in Berührung käme, „Spannung“ bekommen und dem Benutzer schädlich werden könnte. Die Isolation muß aber hitzebeständig und gut wärmeleitend sein, denn sonst bliebe ja alle Wärme in dem „Heizelement“ (innerhalb des Heizdrahtes und der umgebenden Hülle), und das Bügeleisen bliebe kalt. Als besonders geeignet für diese Isolation hat sich Glimmer erwiesen, ein feinblätteriges Mineral

(Marienglas). – Die Heizelemente sind meist so angebracht, daß der Fachmann sie leicht herausnehmen und auswechseln kann.

Heute gehört es zur Seltenheit und kommt meist nur bei unsachlicher Behandlung (z. B. beim Erhitzen von Schnellkochern ohne Inhalt, sogenannten „Trocken-gehen-lassen") vor, daß Heizelemente „durchbrennen". Wenn Störungen auftreten, liegen sie meist an der Zuleitung. Sie besteht aus dem erwähnten Wandstecker, der Schnur und der Gerätesteckdose (vgl. Abb. 17), demjenigen Teil, der auf die am Gerät befindlichen Stifte aufgesetzt wird. Bei allen diesen Teilen sollte auf VDE-mäßige Ausführung stets geachtet werden. Sie gewährleistet Schutz vor Berührung spannungführender Teile und Schutz vor „Kurzschlüssen". Niemals soll gerade bei der Zuleitung falsche Sparsamkeit geübt werden. Es versteht sich, daß eine sorgfältige Behandlung auch guter Zuleitungen eine wichtige Voraussetzung für deren Haltbarkeit ist (Abb. 20 und 21).

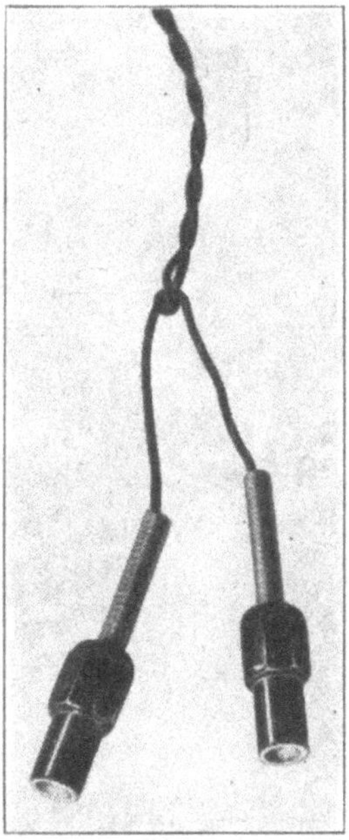

Abb. 22.
Zuleitungsschnur mit Einzelsteckern: unzulässig und nicht ungefährlich.

Ein Wort ist auch über die Anschlußstifte an den Geräten zu sagen. Sie müssen so angebracht sein, daß stets zwei zugleich von der „Gerätesteckdose" erfaßt werden; es sind deshalb auch nur Gerätesteckdosen mit zwei entsprechend bemessenen Stecklöchern, nicht sogenannte „Einzelstecker" (Abb. 22), zulässig. Auf diese Weise ist es unmöglich gemacht, daß das Gerät Spannung führt (nach Aufstecken des Zuleitungsdrahtes), ehe der zweite Stecker angebracht ist, so daß man durch Berühren des freien Stiftes am Gerät einen Schlag bekommen könnte. Aus demselben Grunde müssen die Steckerstifte an den Geräten von einem hohen Schutzmantel (Abb. 23) umgeben sein, der jede nachteilige Berührung ausschließt.

Diese Bestimmungen sind wirklich sehr wichtig. Nicht, daß immer jemand aus Mutwillen seinen Finger an spannungführende Teile legen wird; sondern es geschehen im Leben unvermeidliche Unachtsamkeiten und unglückliche Zufälle. Und gegen die hilft kein Warnen, kein Aufklären; gegen die hilft nur eine solche Bauart der elektrischen Installationen und Geräte, daß nichts geschehen kann. Und weil die Zufälle auch im Inneren der Geräte ihr Spiel treiben können, muß bei der Konstruktion und bei der Installation auch dafür gesorgt werden, daß selbst dann nichts geschieht, wenn wirklich die Isolation Schaden leidet und der Strom im oder am Gerät aus seiner Bahn tritt. Es gibt darum Stehlampen, Staubsauger, Heißluftgeräte aus Preßmasse bzw. mit Preßmasseumhüllung. Aber überall geht das nicht, ganz läßt sich das Metall von der Außenseite der Geräte nicht verdrängen. Wenn bei solchen Geräten einmal der Strom aus seiner vorgeschriebenen Bahn heraustritt, kann die äußere Metallumhüllung Spannung bekommen (Körperschluß). Und das kann, wie wir wissen, zu Unfällen führen, wenn der Benutzer eines schadhaften Gerätes auf nassem Fußboden oder in feuchten Räumen sich befindet.

Abb. 23. Vorschriftsmäßiger Gerätestecker mit Schutzkragen, der jede Berührung der Stifte beim Aufsetzen der Gerätesteckdose unmöglich macht.

Gegen solche Zufälle gibt es verschiedene Schutzmaßnahmen. Sie sollen das etwaige Auftreten von Spannungen an Stellen, wo sie unerwünscht sind, unschädlich machen. Sehr verbreitet ist dafür die Erdung der Geräte. Damit hat es folgende Bewandtnis. Die Metallteile eines Herdes, einer Waschmaschine usw., die an sich mit der Stromdurchfuhr nichts zu tun haben, aber mit der Hand berührt werden können, werden durch einen besonderen Draht in leitende Verbindung mit der Erde gebracht (Erdleitung), etwa durch Anschluß an eine Wasserleitung oder in den Erdboden gesteckte Rohre (nach Art der Blitzableiter). Kommt wirklich das Gerät zu Schaden, so daß der Strom aus seinem vorgeschriebenen Weg aus-, in die Metallteile übertritt und den Benutzer gefährden könnte, so führt die Erdleitung den Strom nach der Erde zu ab, denn der Erde kann man Energie zuführen soviel man will, sie verschluckt alles restlos. Die Spannung am Gerät, die gefährlich hätte werden können, wird einesteils dadurch abgeleitet, vor allem aber auch dem umgeben-

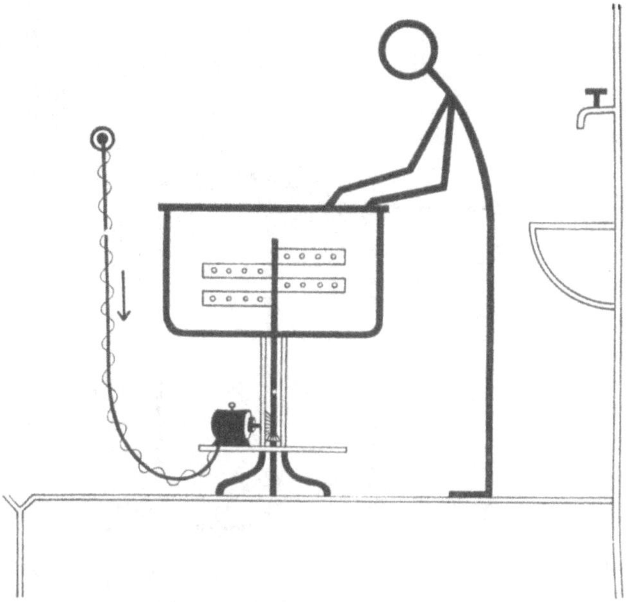

Abb. 24. Vorschriftsmäßiger Weg des Stromes bei einer Waschmaschine — keinerlei Beeinträchtigung der bedienenden Person. (Die Wellenlinie zeigt den Stromfluß an, die Pfeilrichtung zeigt die Richtung des Spannungsgefälles.)

den Raum mitgeteilt, es besteht dann also kein oder kein wesentliches Spannungsgefälle zwischen dem beschädigten Gerät und etwa dem Fußboden, auf dem die bedienende Person steht, und wo kein Spannungsgefälle ist, dort fließt auch kein Strom: die bedienende Person kann nicht von schädlichen Strömen betroffen werden, wenn sie, etwa auf dem feuchten Boden stehend, das spannungführende Metallgehäuse des defekten Gerätes – z. B. einer Waschmaschine – anfaßt (s. Abb. 24 – 26).

Natürlich müssen Erdungen wie alle Sicherheitsvorrichtungen streng nach den Vorschriften und mit großer Sorgfalt angelegt sein, sie müssen tadellos in Ordnung gehalten und von Zeit zu Zeit durch Fachleute nachgeprüft werden. Auf guten Kontakt aller Verbindungsstellen ist z. B. besonders zu achten.

In manchen Fällen ist eine sorgfältig gelegte Erdleitung in den installierten Drähten mit enthalten als dritter, in diesem Fall meist blanker, nicht isolierter Draht, so daß die Erdleitung ohne weiteres

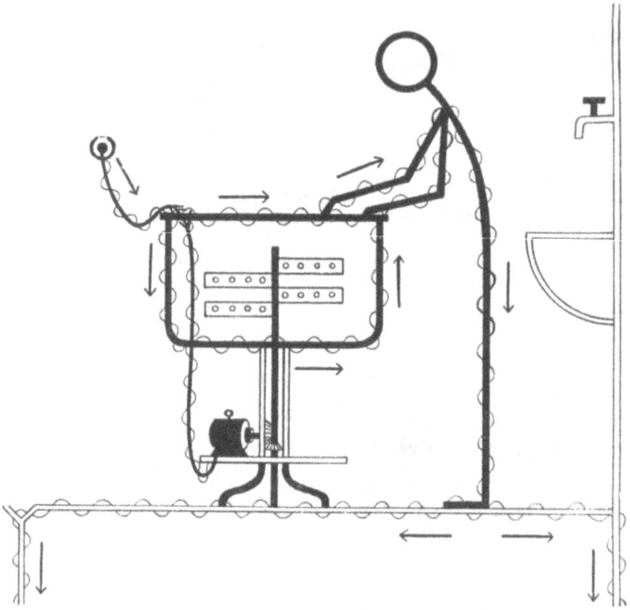

Abb. 25. Eine schadhafte Stelle der Leitung berührt die Waschtrommel. Das ganze Gerät samt Inhalt bekommt Spannung, ein Teil des Stromes entweicht durch Hände und Körper nach der Erde zu und gefährdet die bedienende Person. Erdleitung fehlt!

an der Gebrauchsstelle vorhanden ist. Sie wird dann so in der Steckdose festgemacht, daß beim Einsetzen des Steckers durch besondere Vorrichtungen das Metallgehäuse des Gerätes fest und gut leitend mit dieser Erdleitung verbunden wird (Abb. 27). Diese dritte Leitung hat nichts gemein mit dem früher erwähnten „Nulleiter" und darf damit nicht verwechselt werden. Daß man bisweilen auch den Nulleiter für derartige Schutzmaßnahmen heranzieht, ist wieder eine andere Frage, die mit der viel erörterten und hier zu weit führenden „Nullung" zusammenhängt.

Bei der Erdung führt man also absichtlich herbei, was bei Leitungsschäden anderer Art bisweilen unbeabsichtigterweise auftritt, nämlich einen „Erdschluß" (siehe oben S. 22). Kommt z. B. eine schadhaft gewordene elektrische Leitung an eine Wasserleitung so heran, daß der blanke Draht das Rohr berührt, so fließt der Strom durch die Wasser-

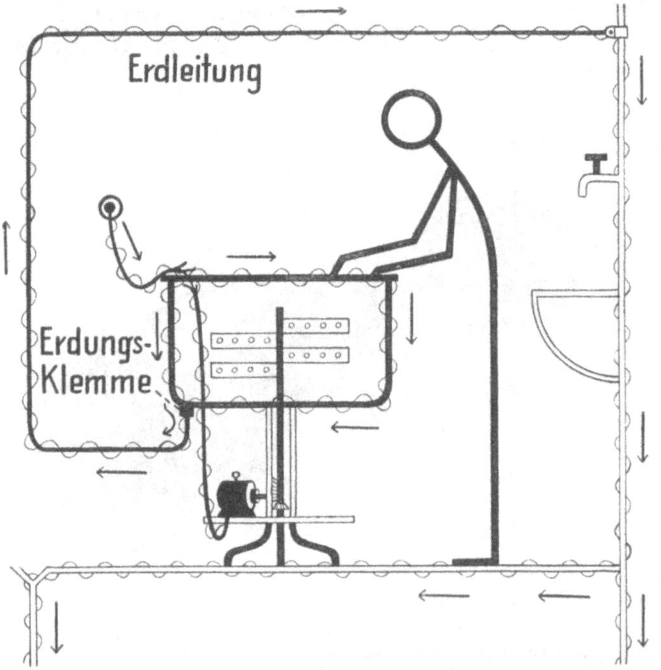

Abb. 26. Dasselbe wie in Abb. 25, aber Erdleitung (mit Erdungsklemme am Gerät und mit Schelle an der Wasserleitung angeschlossen) vorhanden. Durch sie fließt der Strom direkt nach der Erde zu, zwischen Waschtrommel und Fußboden besteht kein (erheblicher) Spannungsunterschied, der menschliche Körper kann also von keinem (gefahrbringenden) Strom durchflossen werden.

leitung nach der Erde hin ab und ist verloren. Bei anders gearteten Erdschlüssen können große Wärmeentwicklungen auftreten, die zu Schäden führen können. Eine einwandfrei isolierte und richtig abgesicherte Installation kann allein dagegen schützen.

Ein besonders heikler Punkt ist das Reparieren schadhaft gewordener Leitungen, Stecker, Steckdosen, Schalter usw. Sicherungen und Glühlampen auswechseln kann und darf jedermann. Darüber ist oben das

Nötige bereits gesagt worden. Im übrigen ist es auch bekannt, daß eigenmächtiges Hantieren an den Installationen, insbesondere eigenmächtiges Verlegen zusätzlicher Leitungen nicht statthaft ist und daß mit derartigen Aufgaben wie auch mit wichtigeren Reparaturen nur die vom Elektrizitätswerk zugelassenen Installateure betraut werden dürfen. Wie aber soll man sich helfen, wenn beispielsweise eine Zuleitungsschnur zum Bügeleisen oder der daran befindliche Stecker od. dgl. schadhaft ge-

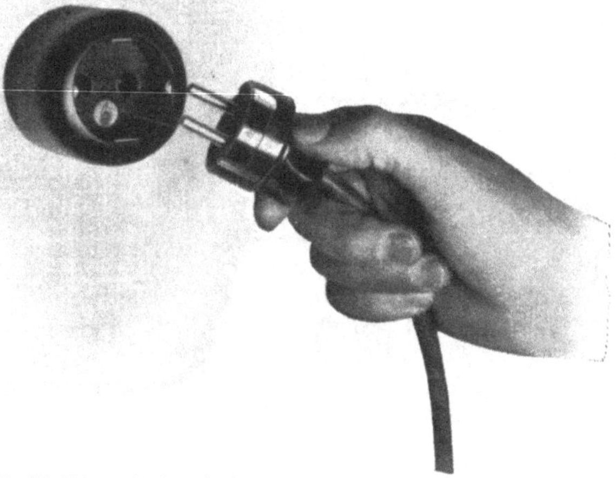

Abb. 27. Erdungsstecker mit -steckdose: beim Einführen wird auch die am Rand der Dose erkenntliche Erdleitung innig mit dem Erdungskontakt des Steckers verbunden.

worden ist? – Hier den Rat zur Selbsthilfe zu erteilen, wäre grundfalsch. Es können auch dabei Fehler vorkommen, die schwerer wiegen als die geringfügigen Kosten, die eine sachgemäße Reparatur durch den Fachmann erfordert. Andererseits handelt es sich bisweilen um Kleinigkeiten, die man, wenn man technisches Gefühl und Geschick hat, mühelos bewältigen kann. Aber dann soll man es sich erst einmal vom Fachmann richtig zeigen lassen und nicht einfach darauf losbasteln, auch nicht an Hand von schriftlichen Anweisungen, die niemals so plastisch sein können wie die unmittelbare Anleitung. Deshalb wird es hier vermieden, auf diese Dinge näher einzugehen. Vor allem die Frauen, die heute auch viel mit technischen Dingen zu tun haben und einen erheblichen Teil der Leser dieses Buches ausmachen werden, verfügen im allgemeinen nicht über so viel angeborenes technisches Empfinden wie die Männer, was ja schon von frühester Kindheit an in der Auswirkung des Spieltriebes zur Geltung kommt. Das ist gar keine Schande, und es wäre deswegen auch ein falscher Ehrgeiz, wenn Frauen meinen, kleine Reparaturen, vor allem an der elektrischen Leitung, selbst vornehmen zu müssen. „Die Axt im Haus erspart den Zimmermann", ganz gewiß; aber wer die Axt nun einmal nicht zu handhaben versteht, soll doch lieber den Zimmermann zu Rate ziehen, als sich den Finger abhacken.

5. Kapitel

Der Stromverkauf und seine Verrechnung

Es ist also elektrische Arbeit, die man vom Elektrizitätswerk kauft, und sie wird nicht nach Pfunden und nicht nach Litern bemessen, sondern nach Kilowattstunden.

Wenn man sich Arbeit vom Menschen kauft, so muß man sie erst bestellen, und die Lieferung hängt davon ab, daß der Verkäufer der Arbeit persönlich erscheint und zur Arbeitslieferung disponiert ist, was nach Eintritt der Ermüdung aufhört. Meist muß man sofort bar bezahlen oder Verpflegung gewähren. Oder man kauft sich Arbeit in Form von Kohle, die man durch Verfeuern im Herd oder unter dem Kessel zur Arbeitsleistung verwertet. Auch dann muß man die Kohle erst bestellen, sie wird, soweit vorrätig, geliefert, meist in Posten, die für längere Zeitabschnitte berechnet sind, und da alsbald die Rechnung kommt, muß man die eigentliche Arbeitsleistung gar im voraus bezahlen. Nicht so beim Kauf elektrischer Arbeit. Ist einmal der Stromlieferungsvertrag mit dem Werk geschlossen, so kann ohne Bestellung der Kunde Strom entnehmen, wann er will, und er braucht erst am Ende des Monats dafür zu zahlen, bisweilen sogar in noch größeren Zeitabständen. Dieser Umstand spielt im Geschäftsleben natürlich eine größere Rolle als im Haushalt, aber er kommt deshalb doch auch der Hauswirtschaft ganz erheblich zugute.

Die Verrechnung erfolgt nun im Grunde nach Maßgabe der Kilowattstunden, die der Käufer abgenommen hat. Wie das geschieht, ist eine Frage des Tarifes.

Über Tarife wird viel gesprochen und meist geklagt. Das ist nicht so sehr tragisch, denn es ist gewissermaßen die volkswirtschaftliche Aufgabe eines jeden Käufers, über die Preise zu klagen und dadurch die Preislage zu beeinflussen. Denn es wird vielfach vergessen, was die Volkswirtschaft – auch erst nach langem Suchen – entdeckt hat, daß der Preis nicht durch die Gestehungskosten allein bestimmt wird, sondern daß die Zahlungswilligkeit (Nachfrage) der Käufer in gleichem Maße an der Preisbildung beteiligt ist. Dieses Gesetz kann auch nicht durch die scheinbar diktatorische Form der Preisbemessung durch Tarife umgangen werden. Ist nämlich der Tarif nicht dem Zahlungsangebot der Käufer angemessen, so stockt das Geschäft, und der Tarif muß geändert werden, bis er richtig ist. Wir sahen überdies, daß der Absatz auf die Tarife außerordentlichen Einfluß hat und daß sogar schon im voraus die Tarife dem erwarteten Absatz angepaßt werden.

Es ist also im Grunde nicht überraschend, wenn über die Tarife geklagt wird; der objektive Kunde wird aber nachprüfen, ob die gebotenen Vorteile scheinbare Kostennachteile überwiegen. Denn schließlich muß der Stromverkauf wie jedes andere Geschäft sich rentieren. Ganz falsch wäre es daher, die Preise herabzusetzen, ohne zugleich für Absatzsteigerung zu sorgen. Denn erfahrungsgemäß nützt so eine Maßnahme niemand, der Absatz steigt nicht oder kaum (denn die Kunden wissen ja nicht, was mit dem Strom anfangen, und freuen sich nur, daß ihr bißchen Licht billiger geworden ist), und bald muß der Preis heraufgesetzt werden, weil sonst das Werk zugrunde geht. Deshalb hat letzten Endes der Abnehmer selbst ein Interesse an angemessenen Tarifpreisen, und bei der Auslegung des Begriffes „angemessen" darf man nie außer acht lassen, daß elektrische Arbeit in jeder Form Edelgut ist und daß Edelgut nicht verschleudert werden kann. Dafür haben ernsthafte Käufer volles Verständnis.

Bei der Erläuterung und Beurteilung von Tarifen ist grundsätzlich zweierlei auseinanderzuhalten, nämlich die Form des Tarifes und seine Höhe. Meist macht das erstgenannte mehr Schwierigkeiten als das zweite, denn der eigentliche Preis der Kilowattstunde kann nur bei richtiger Kenntnis der Tarifform ermittelt werden.

*

Das einfachste scheint zu sein, daß man für jede Kilowattstunde einen Einheitspreis festsetzt und sovielmal diesen Preis anrechnet, wie Kilowattstunden vom Zähler vermerkt sind. Diesen Tarif nennt man den Einheitstarif, auch Kilowattstundentarif. Er ist wohl am meisten verbreitet (hier und im nachstehenden ist ausschließlich von Haushalttarifen die Rede), aber er reicht für manche Zwecke nicht aus.

Die Elektrizitätswerke wollen doch erzielen, daß möglichst viel Strom abgenommen wird, vor allem in den Zeiten außerhalb des Lichtverbrauchs. Man muß aber auch von jedem Abnehmer einen gewissen Mindestbetrag bekommen, sonst rentiert es nicht, ihn „anzuschließen", besonders da, wie wir aus dem 1. Kap. wissen, die Lichtabnahme dem Werk am teuersten kommt. Da die meisten Menschen überdies noch „Licht sparen", würde ein niedriger allgemeiner Kilowattstundenpreis vielleicht auf Jahre hinaus nur die Wirkung haben, daß das Werk nicht auf seine Kosten kommt. Und überdies kann man schwerlich so mit dem Einheitspreis heruntergehen, daß die Verbraucher noch mit Vorteil und in nennenswertem Maß etwa elektrisch kochen. Licht kann man sich nämlich auf keine Weise vorteilhafter und billiger verschaffen als durch Elektrizität. Infolgedessen zahlt man gern 40, auch 50 *Rpf* für die Kilowattstunde, wenn es sich um Licht handelt. Aber kochen kann man auf Kohle schließlich auch, und das kostet genau genommen so wenig, daß damit verglichen schon ein Strompreis von 10 *Rpf* teuer erscheint, ebenso wie auch das Kochen auf Gas teurer ist als das Kochen auf Kohle (s. a. S. 60). Man wird trotzdem 10, auch 12 bis 15 *Rpf* für die Vorteile des elektrischen Kochens anlegen, aber mehr vorläufig nicht.

Dieser Einstellung der Abnehmer, für Licht mehr bezahlen zu wollen als für Wärme (und Kraft), tragen Zählertarife mit mehreren getrennten Zählern Rechnung (bisweilen daher auch Doppel- oder Mehrfachtarife genannt, s. u.). Beispielsweise sind die Brennstellen für Licht alle zusammen an einen Zähler angeschlossen, die für Kraft und Wärme an einen anderen, und für die einen Kilowattstunden zahlt man je x Pfennig, für die anderen je y Pfennig. So einfach das scheint, so hat es doch auch seine Nachteile. Dort, wo für Kraft und Wärme nicht besonders viel Strom verbraucht wird, wäre der Kostenaufwand für eine besondere Installation und einen besonderen Zähler wohl nicht lohnend. Für Geräte mit großem Verbrauch (Herde, Kühlschränke) wird aber die Verrechnung durch einen besonderen Zähler vielfach als vorteilhaft angesehen.

Andere Werke gehen einen Schritt weiter und sagen: es kommt ja nicht darauf an, ganz genau den Lichtstromverbrauch vom übrigen zu trennen. Die Hauptsache ist, daß man für eine erfahrungsgemäß anfallende Mindest-Lichtstromabnahme ein auskömmliches Entgelt hat, alles andere kann dann billiger verrechnet werden. Schließlich will man sogar gern erzielen, daß die vorhandenen Lampen recht lange in die Nacht hinein benutzt werden, über den Mindestbedarf hinaus. So kam man zum Staffeltarif oder Blocktarif, der die größte Verbreitung in Nordamerika hat. Man berechnet eine gewisse Anzahl von Kilowattstunden zum Höchstpreis, die folgenden billiger, unter Umständen macht man eine dritte Staffel, die noch billiger ist und vor allem dem Kochen zugute kommt. Da nun die Mindeststromabnahme bei zweiköpfigen Familien kleiner sein muß als bei sechsköpfigen, hat man statistisch die Staffeln entsprechend den Familiengrößen festgelegt. Auch bei uns führen sich diese Tarife immer mehr ein.

Es ist nun nur noch ein Schritt zu einer einfacheren Lösung. Man ersetzt gewissermaßen die erste Staffel des Staffeltarifs durch einen festen Betrag, den jedermann unabhängig von seiner Abnahme zu zahlen hat, man pauschaliert gewissermaßen die Lichtstromabnahme oder doch einen Teil davon. Praktisch ist es so, daß jeder Abnehmer, unabhängig davon, was er verbraucht, einen festen Betrag bezahlt, die sogenannte Grundgebühr. Dann kann jede Kilowattstunde, wann und wofür sie auch abgenommen wird, gleich teuer oder richtiger gleich billig berechnet werden. Es scheint zwar zunächst ungerecht, daß man den festen Grundbetrag auch dann bezahlen soll, wenn man vielleicht den ganzen Monat verreist war oder nur eine oder zwei Kilowattstunden verbraucht hat. Indessen muß ja das Werk doch auch dann seine Leitungen und Maschinen bereithalten und verzinsen. Wenn man z. B. ein Mietauto den ganzen Tag warten läßt, um dann vielleicht nur 2 km zu fahren, so erwartet man auch nicht, daß man nur die baren Benzinkosten für die 2 km zu bezahlen hat, sondern die Wartezeit, besser: die dauernde Betriebsbereitschaft muß natürlich mitbezahlt werden. Deshalb verlangt jede Droschke, auch das Fernsprechamt, ein gewisse Mindestgebühr, und das ist beim Elektrizitätswerk die Grundgebühr: das Entgelt für die Kosten der dauernden Betriebsbereitschaft. Man hat dann den Vorzug, daß der Einheitspreis für die Kilowattstunde, der sogenannte Arbeitspreis, recht niedrig gehalten werden kann, wie es den reinen Gestehungskosten einschließlich der nötigen Zuschläge entspricht. Es ist vorgeschlagen worden, die Grundgebühr für jeden Mieter in den Wohnungspreis einzuberechnen, so daß dann nur die billige Arbeitsgebühr als Strompreis in Erscheinung tritt. Ganz allgemein gewöhnt man sich an die festen Kosten schließlich so, daß man wegen des niedrigen Arbeitspreises den Strom als billig empfindet.

Er ist das auch für jede Kilowattstunde, die den Mindestlichtverbrauch überschreitet. Wenn z. B. die „Grundgebühr" 3 *RM* und der „Arbeitspreis" 10 *Rpf* beträgt, so hat der Abnehmer bei reinem Lichtverbrauch von z. B. 10 kWh im Monat 3 *RM* + 10 × 10 *Rpf* = 4 *RM* zu bezahlen. Im Durchschnitt kostet ihn also jede Lichtkilowattstunde 4 *RM* : 10 = 40 *Rpf*, die er gern bezahlt. Wenn er nun auch elektrisch kocht und dafür weitere 100 kWh im Monat braucht, so bezahlt er nunmehr insgesamt 3 *RM* + 110 × 10 *Rpf* = 14 *RM*. Das Kochen kostet ihn also 10 *RM* mehr, das macht bei 100 kWh nicht mehr als 10 *Rpf* je kWh. Die Kochkilowattstunde kostet also nur 10 *Rpf*. Das scheint eine Binsenrechnung zu sein, aber man muß sie einmal durchführen, weil man sich oft keine klare Rechenschaft über die wirklichen Strompreise für Licht und für Kochen macht. So rechnet man beispielsweise einen Durchschnittswert heraus, im obigen Fall 14 *RM* : 110 kWh = 12,7 *Rpf* je kWh. Wie man sieht, scheint hiernach das Kochen mehr als 10 *Rpf* je kWh zu kosten, was aber falsch ist, denn solange es keine bessere Beleuchtungsart gibt als die elektrische, würde man ja auf jeden Fall elektrisches Licht beziehen und dafür 40 *Rpf* je kWh zahlen.

Dieser Tarif heißt G r u n d g e b ü h r e n t a r i f. Seine Anwendung verbreitet sich immer mehr. Die Nachteile, die schließlich jedem Tarif anhaften, werden zum Teil durch die Art der Festlegung der Grundgebühr ausgeglichen, z. B. nach Zimmerzahl und -größe oder nach der Größe der Wirtschaft usw.

Geht man dieser Überlegung weiter nach, so kann man dazu gelangen, den gesamten Stromverbrauch zu pauschalieren. Das setzt entweder so umfassende Stromverwendung für Beleuchtung, Kochen usw. voraus wie in Norwegen, oder es findet dort statt, wo eine gewisse Dürftigkeit der Bevölkerung in bezug auf die Bevölkerungsdichte wie auf die Lebenshaltung die relativ hohen Kosten des Ablesens nicht lohnt und man daher lieber ein paar Kilowattstunden verschenkt. Nur in einzelnen derartigen Versorgungsgebieten kennt man in Deutschland den „P a u s c h a l t a r i f". Die Pauschalsätze werden für jede Wohnung nach der Anzahl der Brennstellen und Stromverbrauchsgeräte bemessen.

Bei jeder Tarifform gibt es unter Umständen noch Besonderheiten, die indessen grundsätzlich eine Modifikation oder Kombination der einen oder anderen Tarifform darstellen. So führt das Bestreben, die Lichtspitze nicht zu erhöhen, zu den Stunden- oder Sperrstundentarifen, auch Doppeltarife oder Mehrfachtarife nach Zeit genannt, bei denen die Verbrauchsmengen während besonderer Stunden des Tages durch Doppeltarifzähler besonders verzeichnet und gesondert berechnet werden. Oder man will erreichen, daß der einzelne Abnehmer nicht mehr als einen bestimmten Anschlußwert in Anspruch nimmt und verrechnet zu höheren Preisen, sobald dieser Anschlußwert überschritten wird. Auf ähnlichem Prinzip beruhen diejenigen Tarife, bei denen in jedem Monat die höchste Belastung, die im Monat aufgetreten ist, neu ermittelt und diese bei der Strompreisbemessung mitberücksichtigt wird; oder es werden Leistungsbegrenzer eingeführt, die abschalten oder besondere Signale geben, wenn gleichzeitig mehr Strom abgenommen wird als dem Tarifabkommen entspricht. Diese sehr fein durchdachten Systeme haben sicher erzieherischen Wert und vermindern die Spitzen des Werkes. Ob damit die nicht unerheblichen technischen und propagandistischen Schwierigkeiten, die mit solchen Komplikationen verbunden sind, aufgewogen werden, darüber sind die Ansichten geteilt. Es läßt sich aber wohl überhaupt von einem Außenstehenden selten beurteilen, ob die von einem Werk getroffenen tarifarischen Maßnahmen richtig oder falsch sind.

Die häufigste Kombination ist die irgendeines Tarifes mit gesonderter Kochstrom- und vor allem Nachtstromberechnung. Eigentlich handelt es sich hierbei um einen Doppel- oder Mehrfachtarif. Oft wird für Nachtstrom aber kein besonderer Zähler aufgestellt, sondern die zur Nacht betriebenen Geräte werden über eine plombierte Schaltuhr (Abb. 28) fest angeschlossen. Der Strom schaltet also selbsttätig zur Nacht ein und am Morgen aus. Der Nachtstrompreis wird dann entweder pauschaliert oder berechnet.

Für die Höhe der Preise gilt dasselbe wie für die Tarifform: es läßt sich von außen her selten etwas über die richtige Höhe sagen. Außer der Dichte der Bevölkerung und ihrer Stromabnahme ist dafür die Marktlage (Preise der konkurrierenden Energien) maßgebend. Für Licht sind Preise von 40 bis 50 *Rpf* je kWh angemessen, für Wärme und Kraft (in städtischen Haushalten) etwa 20 *Rpf*; für Kochzwecke bewährt sich — eventuell als Durchschnitt der tatsächlich benötigten Tages- und Nacht-Kilowattstunden — ein Bereich von 10 bis 15 *Rpf* (die Kilowattstunde soll etwa die Hälfte des Kubikmeters Gas kosten, vgl. u. S. 74), für Nachtstrom gelten 5 bis 8 *Rpf* als Richtpreise.

Abb. 28. Heißwasserspeicher mit automatischer Schaltuhr (rechts, daneben besonderer Nachtstromzähler).

So sehr es also anzustreben ist, daß die Tarifgebarung bei allen Werken Deutschlands möglichst einheitlich erfolgt (und in dieser Richtung laufen die Bestrebungen der Elektrizitätswerke selbst), und so bedauerlich der Mangel an Fortschrittlichkeit bei einzelnen Verwaltungen ist, so wird doch die kategorische Forderung nach einem besonderen „Kochstrompreis" oder die allgemeine Behauptung, Preise von mehr als 15 *Rpf* je kWh seien „haushaltfeindlich" u. dgl., den Tariffragen und deren Schwierigkeiten in keiner Weise gerecht. Man muß sich immer wieder die Tatsache vor Augen halten, daß die Ausnutzung eines Kraftwerks und seiner Anlagen (die „Benutzungsstunden") den Strompreis entscheidend beeinflußt und sehr große Unterschiedlichkeiten dadurch sehr wohl begründet sein können. Schließlich haben wir auch einen schweren Krieg und wirtschaftlich fast noch schwerere Inflationsjahre hinter uns, und es muß Jahrzehnte dauern, ehe dies alles überwunden und eine gewisse Einheitlichkeit sowie Stetigkeit der Wirtschaft eingetreten ist.

6. Kapitel

Elektrowärme und elektrisches Kochen

Die Elektrowärme ist nicht so neuen Datums, wie es bisweilen scheint. Aber die hohe Entwicklung, die die Elektrowärmetechnik in den letzten Jahren genommen hat, fällt zusammen mit den Bestrebungen der Hausfrauen zur Verbesserung der Haushaltführung, die auf die Elektrowärme geradezu hinweisen [1]) und ihr daher besondere Bedeutung verleihen. Im Mittelpunkt des Interesses steht dabei die elektrische Küche.

Es gibt wenige Elektrizitätswerke, die nicht ein Interesse am Stromverbrauch durch elektrisches Kochen hätten. In Deutschland herrscht immer noch die Einnahme der Hauptmahlzeit zu Mittag vor, im Gegensatz zur sogenannten englischen Tischzeit, die zwischen 5 und 7 Uhr gelegen ist. Das ist von wesentlicher Bedeutung. Wir wissen, daß in den Vormittagsstunden die Elektrizitätswerke zwar gut belastet sind, daß aber doch fast allgemein die Belastung vor allem im Winter niedriger ist als in den frühen Abendstunden. Eine Erhöhung der Belastungskurve um 5 Uhr herum hat für die meisten Werke nur bei auskömmlichen Preisen ein Interesse, und zum mindesten werden diese Werke sehr vorsichtig feststellen müssen, inwieweit das Kochen sich auf die Gestaltung der Belastungskurve auswirkt. Dem verhältnismäßig geringen Gleichzeitig-

[1]) Übereinstimmend fordern die weitestgehende Elektrifizierung des Haushaltes der Reichsverband Deutscher Hausfrauenvereine in seiner „Tübinger Resolution" von 1927, die erste Hauptversammlung in Leipzig der Vereinigten Hauswirtschaftsberaterinnen des Reichsverbandes Landwirtschaftlicher Hausfrauenvereine 1927, die Tagung „Die Frau und das Heim" während der Leipziger Baumesse 1928, die Reichstagung der Hausfrauenvereinigung des katholischen deutschen Frauenbundes in München 1928. Der volle Wortlaut der erstgenannten Resolution, der die anderen angepaßt sind, lautet folgendermaßen:

„Die versammelten Vertreterinnen des Reichsverbandes der Hausfrauenvereine geben ihrer Überzeugung dahin Ausdruck, daß die Einführung des elektrischen Betriebes in den Haushalt aus hygienischen, kulturellen und volkswirtschaftlichen Gründen mit allen Mitteln zu fördern sei und vor allem das wirksamste Mittel ist, keitsfaktor beim elektrischen Kochen — der Spitzenanteil an der Kochspitze (nicht an der Lichtspitze!) beträgt etwa 0,8 kW je Herd — ist es zu danken, daß im allgemeinen die Abendspitze selbst durch das elektrische Kochen nicht so nachteilig beeinflußt wird, als daß die im übrigen eintretende Verbesserung der Benutzungsdauer des Werkes dadurch wettgemacht würde.

Erst recht gilt dies für das meistverbreitete Kochen in den Vormittag- und Mittagstunden. Es läßt erwarten, daß die starke und plötzliche Verminderung der Werksbelastung in der Mittagspause durch elektrisches Kochen, wenn natürlich auch nicht ganz beseitigt, so doch bis zu einem gewissen Grade ausgeglichen wird. Auf jeden Fall tritt ein besserer Ausgleich der Gesamtbelastung, eine höhere Benutzungsdauer der Stromerzeugungsmaschinen ein.

Die Anwendung der Elektrizität zum Kochen steigert die Stromabnahme des betreffenden Kunden etwa um das Zehnfache, und schon daraus geht die große Bedeutung des Kochens für die Elektrizitätswerke hervor. Geschieht die Heißwassererzeugung durch gesonderte Heißwasserspeicher, so wird allein für den Küchenbedarf annähernd noch einmal dieselbe Strommenge in Anspruch genommen, und zwar als Nachtstrom, während für weitergehende Heißwasserversorgung noch größere Stromabnahme erforderlich wird.

Alles das macht es erklärlich, daß die Elektrizitätswerke ein starkes Interesse am elektrischen Kochen und Heißwasserbereiten haben und mit ihnen die Kunden. In den Städten mit oft unzulänglichen Steigeleitungen werden im Gegensatz zum Lande nicht so sehr die Vollherde im

den deutschen Hausfrauen ihren schweren Beruf zu erleichtern und ihnen Zeit und Kräfte freizumachen für Betätigungen neben der eigentlichen Hausarbeit, die für das Volkswohl wichtig sind, insbesondere die Kindererziehung und die Pflege des Körpers und Geistes.

Aus diesem Grunde fordern die deutschen Hausfrauen eine Anpassung der Elektrizitätstarife an die Notwendigkeit elektrischer Haushaltsführung. Diese Anpassung wird nach Überzeugung der versammelten Hausfrauen die Einkünfte der Elektrizitätswerke nicht schmälern, sondern verbessern, wenn sie in Formen erfolgt, die den Elektrizitätswerken für den Lichtkonsum den bisherigen erträglichen Preis belassen und nur für den Mehrverbrauch als Kraft- und Kochstrom sowie für Nachtstrom andere Preise festsetzt. Die Hausfrauen vertrauen darauf, daß die Leitungen der Elektrizitätswerke dieser berechtigten Forderung volles Verständnis entgegenbringen werden."

Vordergrunde des Interesses stehen, sondern zunächst die Zusatzgeräte (Abb. 29 und 30). Für nichts begeistern sich die Hausfrauen so schnell und so sehr wie für das Braten und Backen mit Elektrizität. Auch spielt in Anbetracht der relativen Seltenheit eines Brat- und Backvorganges und der relativen Kostspieligkeit des Kochgutes der Strompreis beim Braten und Backen so gut wie keine Rolle. Ob man eine Gans zu 10 *RM* für 10 oder 20 *Rpf* gar brät, ist wirklich gleichgültig, und die Vorteile des elektrischen Verfahrens schalten die Strompreisfrage ganz aus.

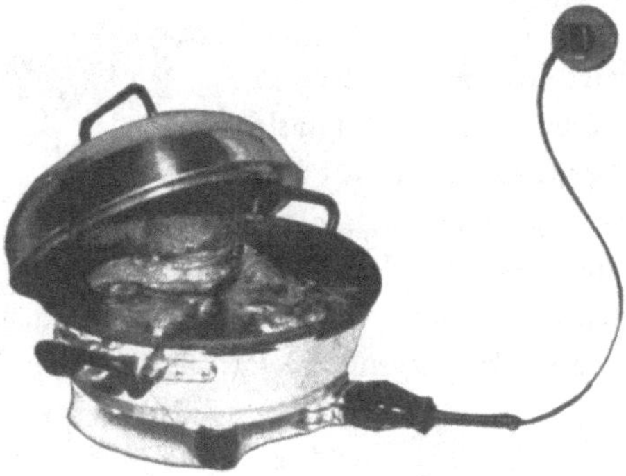

Abb. 29. Elektrisch beheizte Schnell-Bratpfanne zum Anschluß an jede Steckdose.

Ähnliches gilt für die Geräte, die in Großstädten sowohl in Wohnungen als auch im Geschäftsleben (Abb. 31 und 32) immer mehr Eingang finden. Der Junggeselle und die Junggesellin begrüßen die Möglichkeit, sich schnell und ohne Umstände eine kleine Speise oder ein warmes Getränk herrichten zu können; ebenso aber führen sich derartige Geräte in den Büros und Werkstätten in immer größerem Umfange ein zum Anwärmen des Frühstücks oder zur Zubereitung eines kleinen Imbisses. Immer stärker wird aber, vor allem in Neubauten und auf dem Lande, die Nachfrage nach Herden, denn — das läßt sich schon heute mit Bestimmtheit sagen — wer mit dem Backgerät anfängt, hört mit

Abb. 30. Kaffeeservice mit elektrischer Kaffeemaschine.

dem Vollherd auf. — Die Gründe hierfür sind in erster Linie in den physikalischen Grundtatsachen zu suchen, die die elektrischen Küchen von den anderen Kochgelegenheiten unterscheiden.

*

Abb. 31. Schnellkocher.

Die elektrische Wärme arbeitet mit erhitzten Drahtspiralen, deren Temperatur sich in weiten Grenzen regeln läßt. Man verwendet dabei Temperaturen, die viel niedriger liegen als die der offenen Flamme. Letztere liegen bei und über 1300°; sie würden alle Speisen vernichten, wenn sie nicht durch die Kochgeräte und durch Zusätze herabgedrückt würden. Daraus ergibt sich, daß die Wärmezufuhr auf elektrischem Wege bei derjenigen Temperatur erfolgen kann, die dem Kochgut angemessen ist, während auf dem Umwege über die Flamme die Wärme von höherer Temperatur erst wieder auf niedrigere Temperatur gebracht werden muß.

Abb. 32. Kochschrank aus einem Berliner Junggesellenheim (Ein-Zimmerwohnungen mit Bad): Kochtopf, Bratpfanne und Brat- und Backrohr.

Hier sind einige Worte über den Unterschied zwischen Wärme und Temperatur am Platze. Die Wärme ist eine Energie genau so wie etwa der elektrische Strom.[1]) So wie der elektrische Strom mit 10,

[1]) Über die Beziehungen zwischen elektrischer Energie und Wärme siehe oben S. 28.

20, 100 oder 1000 Volt Spannung geliefert werden kann, so kann sich ein und dieselbe Wärmemenge in ganz verschieden hohen Temperaturen äußern.

Wenn zwei Körper mit verschiedener Temperatur miteinander in Berührung kommen, fließt Wärme von dem Körper mit höherer Temperatur zu dem mit tieferer Temperatur, bis beide Körper die gleiche Temperatur haben. Das ist ja das Prinzip des Heizens: erst ist der Ofen heiß, die Zimmerluft kalt, und hernach gleichen sich beide einander an. Es ist aber gar nicht gesagt, daß der heißere Körper einen höheren Wärmegehalt hat als der kältere. Ein Beispiel zeigt das. Wenn wir 1 l Wasser von 15° auf 20° erhitzen, so dauert das, je nach der Wärmequelle, vielleicht eine halbe Minute oder etwas mehr oder weniger. Man braucht dazu übrigens genau 5 „Kalorien" oder Wärmeeinheiten („WE", s. o. S. 27), eine Kalorie für jedes Grad, um das wir ein Liter Wasser erwärmen. Wenn wir daneben einen Tassenkopf voll Wasser, also etwa $^1/_8$ l, von 15° auf 30° erwärmen, so wird das bei gleichartiger Wärmequelle (z. B. mit dem elektrischen Tauchsieder) nur ein paar Sekunden, weniger als $^1/_4$ Minute lang, dauern. Man braucht dazu übrigens knapp 2 Kalorien (genau genommen $^{15}/_8$ Kalorien für die Erwärmung von $^1/_8$ l um 15°, also knapp 2 Kalorien). Der Wärmegehalt des Wassers in dem Tassenkopf ist also bestimmt kleiner als der des Wassers im Litertopf. Lasse ich den Tassenkopf in dem Litertopf schwimmen, so sehen wir bald, daß das Wasser in der Tasse abkühlt, bis in der Tasse und im Litertopf dieselbe Temperatur von etwa 21° herrscht. Die Wärme ist von dem Körper mit geringerem Wärmegehalt auf den mit höherem Wärmegehalt übergegangen, weil die Temperatur des letzteren niedriger war!

Die aufmerksame Hausfrau weiß auch, daß das Erwärmen verschiedener Speisen verschieden lange dauert, was daran liegt, daß 1 kg Fleisch, 1 kg Kartoffeln, 1 kg Fett nicht ebensoviel Wärme aufnehmen, wenn man sie erhitzt, wie 1 kg (1 l) Wasser. Die Wärmeaufnahme eines jeden Körpers ist verschieden von der irgendeines anderen Körpers, so wie ja auch das Gewicht gleich großer Stücke verschiedener Stoffe verschieden ist. Wie man hier von „spezifischem Gewicht" eines Körpers spricht, so dort von der „spezifischen Wärme".

Glücklicherweise braucht man nicht die spezifische Wärme aller Lebensmittel zu kennen, um kochen zu können. Soweit sie wasserhaltig sind, kommen sie ohnehin der spezifischen Wärme des Wassers sehr nahe; diese bezeichnet man mit 1, weil man die Kalorie eben so bestimmt hat, daß eine Kalorie ein Liter Wasser um ein Grad in seiner Temperatur steigert.

So wie man also den elektrischen Strom, der mit einigen tausend Volt vom Kraftwerk geliefert wird, nicht ohne weiteres im Haushalt benutzen kann, sondern erst durch Transformatoren auf niedrigere Spannung bringen muß, so muß man die Wärme der Flamme beim Kochen von hoher Temperatur auf niedrige Temperatur „heruntertransformieren". Ein Pfanne, auf die offene Flamme gestellt, muß sich erst anwärmen. Dadurch verwandelt sie die Wärme hoher Temperatur in solche niedrigerer Temperatur. Es würde selbst im geschlossenen Raume recht lange dauern, ehe sie die Flammentemperatur angenommen hat. An der Luft würde es überhaupt nie erfolgen, weil die fortwährend herantretende Luft die Pfanne immer wieder abkühlt. Dies bedeutet aber schon nicht mehr Wärmetransformation, sondern Wärmeverlust. Es leuchtet ein, daß jedes Kochen und jede Speisenbereitung mit derartigen Verlusten verbunden sein muß, weil die umgebende Luft und der umgebende Raum sich mit anwärmen. Aber da die Wärme jeweils von der höheren Temperatur zur niedrigeren übergeht, und zwar um so heftiger, je größer der Temperaturunterschied ist, sind mit der Speisenbereitung bei höheren Temperaturen größere Verluste verbunden als bei den niedrigeren Temperaturen der elektrischen Kochgeräte.

Nun kann man aber im Kochgerät die hohe Temperatur gar nicht gebrauchen. Selbst an der Luft würde die Pfanne, von der wir eben sprachen, so heiß werden, daß das hineingebrachte Fleisch, oder was es sonst ist, sofort verderben würde. Deswegen ist es notwendig, ein weiteres Mittel zur Wärmetransformation zu verwenden, das gleichzeitig in gewissem Sinne als Wärmespeicher, in gewissem Sinne aber auch als Temperaturregler dient. Das ist nämlich das zugesetzte Fett oder das zugesetzte Wasser. Wasser fängt bei 100° an zu sieden, und soviel Wärme man ihm auch zuführen mag, es wird nicht heißer. Die ganze Wärme wird dazu aufgebraucht, in zunehmendem Maße Wasser in Dampf zu verwandeln, und dieser entweicht in den Raum. Genau dasselbe vollzieht sich beim Fett, nur daß das Fett bei höheren Temperaturen siedet, und zwar gerade bei denjenigen Temperaturen, bei denen Gebratenes gut gelingt. Deswegen sind die Hausfrauen gewöhnt, bei jedem Bratvorgang Fett zuzusetzen, unter Umständen Fett und Wasser. Diese primitive Art der Temperaturregelung ist aber selbstverständlich mit einer Wärmeverschwendung verbunden, denn die meiste Wärme wird ja gar nicht dem Kochgut zugeführt, sondern zu der an sich ganz unerwünschten Erzeugung von Wasser- und Fettdampf verbraucht. Nur sehr wenige Köchinnen sind imstande, durch geschickte Ausnutzung der Flamme mit geringem Fettverbrauch und gleichzeitig mit geringem Verbrauch an Feuerungsmitteln auszukommen, denn beides ist offenbar voneinander abhängig; man muß eben die Flamme so klein halten, daß sie nur wenig Wärme (von hoher Temperatur) an das Kochgut (bei niedrigerer Temperatur) abgibt. Die Erfahrungen, die die Gaswerbung bei dem Reichswettkochen im Jahre 1929 gemacht hat, bestätigen dies durchaus. Man hat an ein und demselben Ort für genau die gleichen Kochvorgänge nach genau den gleichen Anweisungen bei vollständig gleichen Bedingungen in bezug auf Zustand der Geräte, Töpfe usw. Unterschiede im Verbrauch festgestellt, die an die 100% heranreichen. Die weitaus meisten Frauen und Köchinnen verschwenden, ohne es zu wissen und zu wollen, sowohl ihr Feuerungsmaterial als auch zugesetztes Fett.

Bei der elektrischen Küche ist dies nach dem Gesagten nicht oder nur in viel geringerem Maße möglich. Da die elektrischen Kochgeräte zwar auch die nötige Wärmemenge, aber diese bei viel niedrigeren Temperaturen liefern als die offene Flamme, tritt die Notwendigkeit der verschwenderischen Temperaturregelung durch Wasser- und Fettzusatz nicht ein, ja, es besteht schon bei geringer Übung praktisch kaum mehr die Möglichkeit, sei es mit Strom, sei es mit Fett verschwenderisch umzugehen. Wer eine Zeitlang elektrisch gekocht hat, dem mißlingen erfahrungsgemäß alle Speisen, wenn er (oder sie) wieder einmal z. B. auf Gas kocht: man gewöhnt sich eben sehr schnell daran, mit weniger Wasser und Fett auszukommen.

So haben wir hier schon vier ganz wesentliche Vorzüge der elektrischen Küche:

1. Die Temperaturen sind so gehalten, daß das gefürchtete Verbrennen, Ansetzen und Überkochen kaum vorkommen kann.

2. Infolge dieser niedrigeren Temperatur ist der Wärmeübergang an die umgebende Luft und den umgebenden Raum gering.

3. Infolge der niedrigen und regelbaren Temperaturen tritt keinerlei Verkochen, Versieden oder Verspritzen von Fett ein, man kann auf Fett- und Wasserzusätze entweder überhaupt verzichten, oder es genügt, das Kochgerät damit gerade anzufeuchten oder auszustreichen; dadurch ist zwangläufig eine Stromersparnis und eine Fettersparnis gegeben.

4. Der geringere Wasser- und Fettzusatz macht die Speisen schmackhafter und bekömmlicher, ihr eigener Saft bleibt besser erhalten.

Vor allem das letztere, nämlich die höhere Bekömmlichkeit der elektrisch zubereiteten Speisen, scheint mit dem elektrischen Kochen überhaupt zwangläufig verbunden zu sein.

Das hängt teilweise mit dem Vitamingehalt der Speisen zusammen. Allgemein gesagt, vertragen die Vitamine das Erhitzen auf hohe Temperaturen nicht.

Vor allem aber sind Vitamine wie auch viele wertvolle Mineralstoffe der Speisen sehr wasserlöslich und gehen mit dem Gemüsewasser u. dgl. verloren. Das elektrische Kochen ermöglicht in vielen Fällen ein Dämpfen ohne oder mit nur geringem Wasserzusatz und erhält auch dadurch wichtige Aufbaustoffe.

Abb. 33. Mit dem Tauchsieder kann man in jedem beliebigen Gefäß Wasser kochen.

Wenn die physikalische Tatsache des Kochens mit weniger hohen Temperaturen die Voraussetzung für die bisher besprochenen Vorzüge der elektrischen Küche bedeutete, so ist die nächstwichtige Tatsache die räumliche Anpassungsfähigkeit der elektrischen Wärme. Die Flamme braucht Luftzufuhr und Abgasfortleitung, und schon aus diesem Grunde kann man sie nicht immer unmittelbar dorthin bringen, wo man die Wärme benötigt. Hinzu kommen die physikalischen und chemischen Wirkungen der Flamme, die sich einesteils in der Möglichkeit des Feuerfangens, anderntrils im Anfressen der Metalle, in der Abscheidung von Kondenswasser und dergleichen mehr äußern.

Den elektrischen Heizdraht aber kann man gerade dorthin bringen, wo man die Wärme haben will, man kann ihn sogar z. B. in Form des Tauchsieders (Abb. 33) direkt in das Kochgut, beispielsweise in Wasser, hineinstecken. Dies bedingt nicht nur eine Wärmeersparnis, sondern eine Möglichkeit der Wärmeübermittlung, die rein dem Zweck angepaßt ist. Die Hausfrau kann in ihrem Backrohr Ober- und Unterhitze, bei gewissen Geräten auch seitliche Hitze haben, sie kann im vollständig geschlossenen Raum grillen, sie bleibt in jeder Hinsicht von der Umgebung unabhängig. Das ist übrigens nicht nur für die Küche von Bedeutung. Der Strahlofen, den man an jede beliebige Stelle des Zimmers rücken kann und der ohne Sauerstoffverbrauch und ohne Abgase seinen Dienst tut,

Abb. 34. Herd mit offenem Rohr und übereinandergestellen Töpfen.

verdankt seine weite Verbreitung dem gleichen Umstand, ebenso wie beispielsweise das Heizkissen, das man, wenn es ein wirklich gutes Kissen ist, getrost ins Bett nehmen kann, oder das Bügeleisen, das die früher atembeklemmende Bügelarbeit beinahe zur Erholung macht. Auch in der Industrie ist übrigens diese Eigenschaft der Elektrowärme von größter Bedeutung, beispielsweise in der Zelluloidfabrikation, wo man mit offener Flamme überhaupt nicht arbeiten könnte, oder in Tischlereien zur Warmhaltung des Leimes, in Druckereien zur Flüssighaltung des Metalls der Setzmaschinen usw.

Diesem Umstand zu danken ist weiterhin die Möglichkeit des Kochens im geschlossenen Rohr. Wir erwähnten soeben das Grillen, und es leuchtet ein, daß beim Grillen mit elektrischer Oberhitze im geschlossenen Raum sehr viel weniger Fett verloren geht als sonst. Am meisten beliebt ist aber das Kochen und Dämpfen im geschlossenen Raum, weil hier, wie schon erwähnt, der Zusatz von Wasser und Fett auf ein Mindestmaß herabsinkt. So kann man beispielsweise Fisch nach dem Waschen unmittelbar auf der Porzellanschüssel, auf der er gericht werden soll, mit einigen Zutaten anrichten und im eigenen Saft dämpfen. Wie hier, so wird auch in anderen Fällen die Überlegenheit der Küche sich nicht nur im Geschmack der Speisen äußern, sondern wiederum in der Erhaltung der Nährwerte, die auf der Vermeidung unnötigen Auslaugens der Speisen durch Wasserzusatz beruht. Ob man die Methode des Turmkochens vorzieht oder die Töpfe nebeneinander ins Rohr stellt, in jedem Falle kann man an Stelle des Kochens das Dämpfen treten lassen (Abb. 34).

Abb. 35. Der Zeitschalter schaltet den Strom zu beliebigen Zeiten von selbst ein und aus.

Dies wird vor allem dadurch gefördert, daß sich die Temperaturen beim elektrischen Herd nicht nur nach dem Willen und Verständnis der Köchin oder Hausfrau mit dem Schalter regeln lassen, sondern durch selbsttätige Schalter nach Belieben einstellen. Dabei ist zu unterscheiden zwischen Zeitschaltern (Abb. 35), die immerhin von der Hausfrau richtiges Abschätzen der notwendigen Kochzeit und entsprechende Einstellung einer Schaltuhr verlangen, und Temperaturschaltern (Abb. 36), die von selbst bei einer gewissen Temperatur den Strom abschalten oder gar durch selbsttätiges Wiedereinschalten die Temperatur auf einer gewissen Höhe halten. Die Automatik ist sogar schon so weit ausgebildet, daß die Hausfrau nur an einem Schalter das Dämpfen, Backen oder Grillen einzustellen

Abb. 36. Der Temperaturschalter sorgt dafür, daß die Speisen bei jedem Kochvorgang (Kochen, Braten, Backen usw.) auf richtiger Temperatur gehalten werden.

braucht und daß dann der Apparat je nach der Einstellung dieses Schalters die richtige Temperatur von selbst einhält. Diese Möglichkeit der Temperaturregelung wirkt sich in erster Linie wärmesparend aus, sie würde sich aber nicht durchsetzen, wenn sie keine andere Wirkung hätte, denn im praktischen Haushaltsbetrieb spielt ein bißchen Wärme keine so große Rolle. Der Hauptvorteil dieser Regelung ist vielmehr zunächst, daß an die Geschicklichkeit und Umsichtigkeit der Hausfrau die denkbar geringsten Anforderungen gestellt werden und daß trotzdem bestes Gelingen der Speisen gewährleistet ist. Je mehr unsere Hausfrauen vor oder nach ihrer Verehelichung berufstätig sind, um so mehr wird dieses Moment, das früher mehr einen beliebten Stoff für Witzblätter abgab, von allgemeiner Bedeutung. Es gehört heute eben nicht mehr zu den Selbstverständlichkeiten, daß eine junge Hausfrau auch kochen kann, aber es gehört immer mehr dazu, daß sie einem Broterwerb innerhalb oder außerhalb des Hauses nachgeht und sich nicht soviel um das Essen kümmern darf.

Der springende Punkt dabei ist, daß auf diese Weise die Hausfrau in ihrer Zeiteinteilung unabhängig von der Küche wird. Sie hat es nun nicht mehr nötig, fortwährend umzurühren, damit die Speisen nicht ansetzen, fortwährend nachzugießen, fortwährend danach zu sehen, daß die Flamme nicht zu groß oder nicht zu klein ist, sondern sie setzt die Speisen an und kann nunmehr ihrer Beschäftigung in oder außer Hause nachgehen. Ob dabei der Kochprozeß einmal etwas länger dauert als beispielsweise mit Gas oder nicht, spielt offenbar gar keine Rolle, auch nicht mit Rücksicht auf den Gehalt an Vitaminen, die nach neueren Forschungen selbst bei 6stündiger Kochdauer – von der hier keine Rede ist – noch in völlig ausreichender Menge vorhanden zu sein scheinen. Worauf es vielmehr einzig und allein ankommt, ist, wieviel Zeit die Hausfrau auf das Kochen verwenden muß, und das wird bei derartigen elektrischen Kochgeräten unter allen Umständen weniger sein als beim Kochen auf offener Flamme, selbst wenn im letzten Fall der Kochprozeß – oft genug auf Kosten des Gehalts – noch so kurz dauert. Die Mühe- und Arbeitsersparnis des elektrischen Kochens treten also neben die Ersparnis an Kochgut und Zutaten und bewirken somit, daß die Frage der Betriebskosten der elektrischen Kochgeräte in ihrer Bedeutung vollkommen zurücktritt. Es gibt Verhältnisse, wie z. B. in gewissen Krankenhausküchen, bei denen sich die Ersparnis an Personal, Kochgut und Zutaten derartig auswirkt, daß die Strompreise gewissermaßen gar keine Rolle spielen.[1]) Das werden die Hausfrauen zwar nicht immer gleich einsehen, da sie selten den Gegenwert ihrer Zeit in Mark und Pfennig vergütet erhalten. Tatsache ist aber, daß sie wegen der genannten Vorteile erfahrungsgemäß selbst Stromrechnungen in Kauf nehmen, die die sonst notwendigen Aufwendungen für Kohle oder Gas überschreiten. Der Unterschied in diesen Ausgaben für reine Wärmeerzeugung in der Küche hält sich übrigens in so geringen Grenzen, daß er ernstlich schon gegenüber den Kosten für die Lebensmittel, erst recht gegenüber den gesamten Haushaltungskosten nicht ins Gewicht fällt. Stellt sich beispielsweise das Kochen mit Elektrizität 25 % teurer als das Kochen mit Gas, so macht das in bezug auf die Gesamtausgaben für die Küche nur eine Vermehrung der Ausgaben um 1 – 2 % aus; man sieht leicht ein, daß diese durch die übrigen Vorteile der elektrischen Küche aufgewogen werden.

*

Um gute Ergebnisse mit der elektrischen Küche zu erzielen, muß man bestimmte Fehler, die sich traditionell aus der alten Kochweise ergeben, vermeiden. Z. B. soll man Kochplatten nur für solche Kochprozesse benutzen, die auf andere Weise nicht vollzogen werden können, das ist also das Bereiten von Spiegeleiern, Bratkartoffeln u. dgl. Im allgemeinen soll aber z. B. Wasser auf der Kochplatte nicht erhitzt oder gekocht werden. Etwa die Hälfte des Wärmeaufwandes für die Küche wird nämlich zur Bereitung von heißem Wasser benötigt, und die Elektrotechnik bietet ausgezeichnete Geräte, in denen dieses viel schneller und besser hergestellt werden kann als auf einer Kochplatte, die nichts anderes darstellt als eine der Elektrizität nicht eigentlich entsprechende Erinnerung an die alte Feuerstätte. Wo Nachtstromtarife bestehen, wird man mit der elektrischen Küche unbedingt die Verwendung des Heißwasserspeichers verbinden, der die für die Küche benötigten Heißwasser-

[1]) Vgl. Zimmermann, „Betriebsergebnisse einer elektrischen Großküche“, Mitteilungen der VDEW 1925 S. 61. – Auch Hensel, „Elektrizität in der Gaststätte“, Verlag der VDEW (Vereinigung der Elektrizitätswerke, Berlin).

mengen nachts über auf etwa 85° aufheizt und den ganzen Tag ziemlich verlustlos bereithält. Der Vorteil der Heißwasserspeicher ist, daß beim Öffnen des Hahns sofort das heiße Wasser ausläuft. Will man nun etwa Kaffeewasser kochen, so wird man auch nicht das aus dem Heißwasserspeicher entnommene Wasser nunmehr auf eine Kochplatte setzen – sofern diese nicht etwa noch von vorher heiß ist –, sondern man wird auch hier einen (am besten mit dem Herd mitgelieferten) Schnellkocher oder einen Tauchsieder nehmen, durch den das an sich schon heiße Wasser in kürzester Zeit nahezu verlustlos zum Sieden gebracht wird. Die bisweilen gehörte Behauptung, daß das Wasser aus Heißwasserspeichern den Geschmack des Kaffees beeinträchtigt, wird von maßgeblichen Hausfrauen und Inhabern erster Hotels auf Grund jahrelanger Erfahrung bestritten.

Weiterhin wird es als Nachteil der Kochplatten bezeichnet, daß sie nach dem Einschalten des Stromes nicht sofort heiß werden, sondern eine gewisse Anheizzeit benötigen. Bei einiger Übung mit elektrischen Geräten wird man aber diesen Umstand immer berücksichtigen und ihn nicht nachteilig empfinden. Wichtig ist auch, daß man den Strom nicht länger eingeschaltet läßt als unbedingt notwendig. In den meisten Fällen kann man etwa 8–12 Minuten vor Beendigung des Kochprozesses den Strom abschalten, weil sich in der Kochplatte soviel Wärme aufgespeichert hat, daß sie zur Beendigung des Vorganges genügt. Soweit dies nicht möglich ist, weil etwa bis zum Schluß scharfe Temperaturen nötig sind, wird eine umsichtige Hausfrau stets die Nachwärme anderweitig ausnutzen, sei es zum Anwärmen von Schüsseln, sei es zum Aufkochen der Milch u. dgl. mehr.

Es hängt mit den niedrigen Temperaturen der elektrischen Kochplatte zusammen, daß ihre Wärme nur dann voll ausgenutzt wird, wenn der Topf vollkommen auf der Platte aufsitzt, also einen ganz ebenen Boden besitzt (Abb. 37). Viele Töpfe, die dieser Voraussetzung zunächst zu entsprechen scheinen, werfen sich nach kurzem Gebrauch oder erhalten durch dauernde Benutzung ehrenvolle Beulen. Sie verringern den Wirkungsgrad dann wesentlich. Die Mitlieferung guter Töpfe zusammen mit dem Herd wird daher immer mehr üblich, sie ist so wichtig wie die genaue Kenntnis der elektrischen Geräte schon vor Inbetriebnahme. Auch für später kann nur empfohlen werden, sich beraten und beispielsweise durch Besuche von Kochvorträgen usw. in der elektrischen Kochweise folgerichtig ausbilden zu lassen.

Zur Überraschung sogar vieler Fachleute ergibt sich im praktischen Kochbetrieb schon bei einiger Übung erfahrungsgemäß eine so geschickte Ausnutzung der elektrischen Wärme, daß der Gesamtwärmeverbrauch der elektrischen Küche im Durchschnitt viel geringer ist als der anderer Küchen. Das ist an sich gegenüber den zahlreichen anderen Vorteilen der elektrischen Kochweise nicht besonders wichtig, verdient aber,

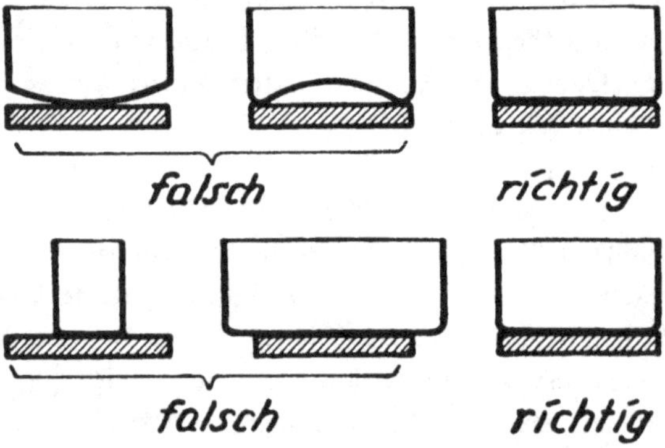

Abb. 37. Die Topfböden müssen stets glatt aufsitzen und möglichst genau mit den Plattenrändern abschneiden.

gegenüber anderen Behauptungen hervorgehoben zu werden. Das normale Gas z. B. mit einem oberen Heizwert von 4100 bis 4300 WE stellt der Hausfrau unter normalen Verhältnissen etwa 3500 WE je Kubikmeter praktisch zur Verfügung. Eine Kilowattstunde dagegen hat, wie wir wissen, nur 860 WE. Danach müßte ein Kubikmeter Gas etwa viermal soviel leisten wie eine Kilowattstunde. Dagegen zeigt es sich im Durchschnitt der deutschen elektrischen Küchen, daß bei Haushaltungen mit 4 Personen schon etwa 2 bis 2½ kWh dasselbe leisten wie 1 cbm Gas. Bei der Verwendung von geeigneten Sparkochgeräten kommt man sogar mit 20—40% weniger Strom aus. Hierbei sind Küchen ohne Heißwasserspeicher berücksichtigt. Küchen mit Heißwasserspeicher brauchen naturgemäß weniger Kochstrom, dafür mehr Strom für die Heißwassererzeugung, unter anderem auch deshalb, weil beim

Vorhandensein der sehr bequemen Heißwasserspeicher eine Steigerung des Heißwasserverbrauchs ganz von selbst eintritt. Doch wird dieser nur scheinbare Nachteil dadurch ausgeglichen, daß ja das Mehr an Strom in die Nachtstunden fällt und daher hier der Vorteil der elektrischen Heizweise in der Niedrigkeit des Nachtstromtarifes zu finden ist. Ein genaueres Bild von dem Stromverbrauch je Kopf geben folgende Zahlentafeln: [1])

Zahlentafel 1

Mittlerer Stromverbrauch deutscher Haushaltungen (Küchen mit Plattenherden ohne besonderen Warmwasserbereiter).

Personenzahl je Familie	2	3	4	5	6
Mittlerer Gesamtverbrauch in kWh je Kopf und Tag	1,34	1,11	0,94	0,84	0,75
Mittlerer Verbrauch je Kopf und Tag für Licht und Handgeräte in kWh ..	0,14	0,11	0,09	0,08	0,07
Mittlerer Kochstromverbrauch in kWh je Kopf und Tag	**1,20**	**1,00**	**0,85**	**0,76**	**0,68**

Zu den besprochenen wirtschaftlichen Vorzügen der elektrischen Küche gesellen sich nunmehr die allgemeinen kulturellen und hygienischen Vorzüge. Während man früher wahre Reitställe als Küchen hatte, hat man heute eingesehen, daß dadurch nur unnötiges Hin- und Herlaufen begründet wird. Man kommt heute in Haushaltungen zu 5 – 8 Köpfen mit Küchen von 6 – 8 qm gut aus. Bei solchen Küchen spielt aber der Sauerstoffverbrauch durch eine Feuerungsheizung bereits eine fühlbare Rolle. Der elektrische Herd kennt dergleichen nicht. Dasselbe gilt übrigens für Badezimmer, in denen aus den genannten Gründen der elektrische Heißwasserspeicher den flammbeheizten Warmwasserbereitern überlegen ist. Die geringe Wärmestrahlung der

[1]) Aus der Broschüre „Vergleichsgrundlagen für den Elektrizitäts- und Gasverbrauch im Haushalt" von Dr.-Ing. H. F. Mueller und Dipl.-Ing. Fr. Mörtzsch, Berlin 1929. – Auch über die voraufgehenden und folgenden Betrachtungen enthält dieses Heft eingehende Untersuchungen.

Zahlentafel 2

Mittlerer Stromverbrauch deutscher Haushaltungen (Küchen mit Sparkochgeräten ohne besonderen Warmwasserbereiter).

(Diese Erhebungen fanden überwiegend in einfachen Haushaltungen statt, so daß die Werte mit den anderen Zahlentafeln nicht ohne weiteres verglichen werden dürfen.)

Personenzahl je Familie	2	3	4	5	6
Mittlerer Gesamtverbrauch in kWh je Kopf und Tag	0,76	0,63	0,55	0,52	0,50
Mittlerer Verbrauch je Kopf und Tag für Licht und Handgeräte in kWh ..	0,07	0,06	0,05	0,04	0,04
Mittlerer Kochstromverbrauch in kWh je Kopf und Tag	0,69	0,57	0,50	0,48	0,46

Zahlentafel 3

Reiner Kochstromverbrauch auf Plattenherden in Haushaltungen mit Heißwasserspeicher.

Personenzahl je Familie	2	3	4	5	6
Kochstrom-Durchschnittsverbrauch in kWh je Kopf und Tag	1,02	0,82	0,73	0,68	—

elektrischen Herde wird in kleinen Küchen ebenfalls sehr wohltuend empfunden. Allerdings muß für kalte Wintertage eine Zusatzheizung vorgesehen werden. Das ist aber nicht so schlimm wie das dauernde unfreiwillige Überheizen durch die gewöhnlichen Herdanlagen.

Auch der Umstand, daß die elektrischen Heizgeräte keinerlei Abgase erzeugen, spielt eine große Rolle nicht nur aus allgemeinen Gründen, sondern es wirkt sich auch auf die Erhaltung des Verputzes und sämtlicher Metallteile in der Küche aus. Der höhere Gehalt an Wasserdampf und schwefelhaltigen Dämpfen in Küchen mit Flammenherden greift die Räumlichkeiten viel stärker an als die normale Luft der elektrischen Küche. Man sieht dies auch daran, daß sich in elektrischen Küchen Blumen mit Leichtigkeit halten lassen, die in anderen Küchen meist eingehen.

Endlich hat der elektrische Herd den Vorzug der Sauberkeit, der einfachen Wartung usw. Wegen dieser Vorzüge kann man ja auch gewisse Kochvorgänge ohne weiteres in das Wohn- oder Eßzimmer verlegen, wie z. B. das Teekochen, das Brotrösten, das Eierkochen usw.

*

Man macht bisweilen die Beobachtung, daß die Gasindustrie die Entwicklung der elektrischen Heiztechnik mit Sorge verfolgt. Es besteht aber kein Anlaß für die Gaswerke, für ihren Absatz zu fürchten, da sich in den Plätzen, in denen Gas bereits liegt, die Entwicklung langsam genug vollziehen wird, um der Gastechnik jede Möglichkeit der Umstellung zu geben (s. o. S. 62). Es kann daher nicht als volkswirtschaftlich gerechtfertigt angesehen werden, wenn Behörden oder Werksverwaltungen durch Sonderbestimmungen oder Tarifmaßnahmen die Entwicklung der elektrischen Küche zu unterbinden trachten. Stets hat noch der Wettbewerb die Entwicklung am meisten gefördert, und die Gas- und Wasserfach-Ausstellung 1929 hat deutlich gezeigt, daß die neuesten Fortschritte der Gastechnik unmittelbar dem Wettbewerb mit der Elektrotechnik zu verdanken sind. Im kulturellen Sinne aber wird ein solcher Fortschritt auf beiden Seiten, der aus freiem Wettbewerb entspringt, nur begrüßt werden können. Volkswirtschaftliche und technische Entwicklungen spielen sich vorläufig und bis auf weiteres nun einmal auf dem Wege privatwirtschaftlichen Wettbewerbs ab. So auch der Wettkampf zwischen Gas und Elektrizität. Wenn die Losung für beide Parteien lautet: „freundschaftlicher Wettbewerb!", so werden beide am besten ihren Abnehmern dienen.

7. Kapitel[1])

Die wichtigsten elektrischen Hausgeräte, ihre Verwendung und Behandlung

Es gibt viele Menschen – wir wollen dabei gar nicht nur die Frauen scharf ansehen –, die lesen grundsätzlich von jedem Buch erst einmal den Schluß. Sie werden hier sehr auf ihre Kosten kommen, denn in der Tat soll dieses letzte Kapitel die unmittelbare praktische Anwendung der Elektrizität in mannigfaltigster Form darlegen. Hierin liegt ja der Schlüssel zum Ganzen: sich die Elektrotechnik dienstbar zu machen. Es ist eine Art Schlaraffenland, das sich auftut, es ist der Traum von den Heinzelmännchen, die dem Menschen alle Arbeit abnehmen wollen. Wenn – sie mit den Geräten richtig umgehen können. Und da hat es einen kleinen Haken für die, die das letzte Kapitel zuerst lesen: sie müssen über Spannung, Stromstärke, Anschlußwert, Arbeit, Tarif – über Leistungsschild, vorschriftsmäßige Installation, Auswechseln einzelner Teile u. dgl. m. ein klein wenig unterrichtet sein. Alles das ist in diesem Kapitel nicht mehr behandelt; aber das Sachwortverzeichnis weist den Weg zu den Stellen in den voraufgehenden Abschnitten, die die nötige Auskunft erteilen.

Außerdem kann im Rahmen dieses Ratgebers weder eine lückenlose Aufzählung sämtlicher Geräte und Fabrikate noch eine Gebrauchsanweisung für jedes einzelne gegeben werden. Wer Derartiges sucht, wende sich an einschlägige Firmen und sehe deren Kataloge und Gebrauchsvorschriften durch. Es muß weiterhin darauf verzichtet werden, jedesmal die allgemeinen Vorzüge der Geräte zu erwähnen. Auch das könnte die Aufgabe eines „Ratgebers" leicht überschreiten. Die typischen Eigenschaften der Stromverwendung – Sauberkeit, Hygiene, Bequemlichkeit, Anpassungsfähigkeit, Zeit- und Müheersparnis – kommen immer wieder zur Geltung und brauchen nicht von Fall zu Fall hervorgehoben zu werden. Teilweise werden der Hausfrau durch den elektrischen Strom Arbeiten abgenommen, für die es bisher überhaupt keinen Ersatz umständlicherer Handverfahren gab.

[1]) Bearbeitet von Dipl.-Ing. Ernst Dittler, Berlin.

Auf eines aber sei kurz hingewiesen: daß man die Bedeutung der Haushalttechnik vollkommen verkennt, wenn man sie nur mit dem Müßiggang im Schlaraffenland in Beziehung bringt, wenn man sie für Luxus hält. Der Sinn des technischen Zeitalters liegt ganz woanders. Hat es ungeahnte berufliche Bindungen sowohl dem Manne wie auch der Frau auferlegt, so gibt es hier ein Mittel an die Hand, um diesen zum Trotz das Leben daheim, das Walten der Hausfrau, das Geben und Nehmen im Familienkreise auf höhere Stufe zu heben. Entlastung von Hausarbeit, Behaglichkeit im eigenen Heim — das sind die Quellen häuslicher Wohlfahrt, engen Familienlebens. Was das für unser kulturelles Dasein bedeutet, ist heute noch kaum abzusehen. Es wird davon abhängen, wie schnell die Menschen lernen, von der Technik Gebrauch zu machen — von den Geräten, die im nachstehenden kurz beschrieben sind.

*

Die elektrischen Hausgeräte lassen sich in drei Gruppen einteilen, je nachdem ob sie mit Elektromotoren oder mit elektrischer Heizung oder mit beidem ausgerüstet sind.

Als Motor dient meist ein sogenannter Universalmotor, der an Gleich- u n d Wechselstrom anzuschließen ist. Für größere Leistungen oder besondere Verhältnisse werden Gleich- oder Wechselstrom- bzw. Drehstrommotore eingebaut, wie z. B. bei Wasch- und Bügelmaschinen, Kühlschränken u. dgl.

Die Wartung des Motors ist der Hausfrau so weit wie möglich abgenommen. Universalmotore sind meist mit Dauerschmierung versehen, die Kohlebürsten müssen von Zeit zu Zeit erneuert werden. Etwaige Schmierstellen sind kenntlich gemacht und zugänglich angeordnet. Näheres darüber ist in den Gebrauchsanweisungen enthalten, die daher gut aufzuheben sind. Man wird sich ja auch die Geräte beim Kauf genau erläutern lassen.

Die Geräte mit elektrischer Heizung sind meist so konstruiert, daß der Heizkörper ausgewechselt werden kann. Im übrigen lassen sie sich mit wenigen Ausnahmen (z. B. Bügeleisen mit Wechselstromregler) ohne weiteres an Gleich- und Wechselstrom anschließen.

Staubsauger

Der Staubsauger ist im Prinzip nichts anderes als ein Ventilator, dessen Luftstrom durch einen Schlauch angesaugt und zum Staubsaugen und anderen Zwecken nutzbar gemacht wird. Die vielen auf dem Markt befindlichen Typen lassen sich in drei Systeme einordnen:

1.

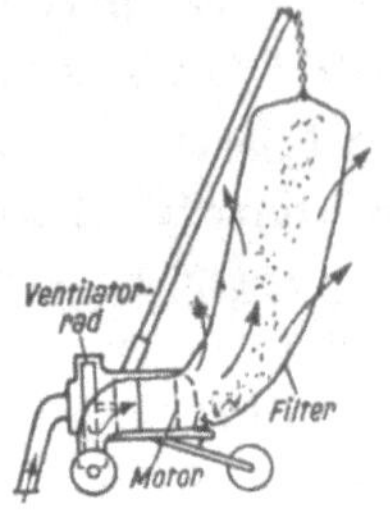

1. Der fahrbare Staubsauger (auch Beutelstaubsauger genannt; Beispiel Vampyr) mit großem außenhängenden Staubbeutel; speziell für Teppichreinigung gebaut; Düse direkt am Gehäuse; Luftweg: wie Skizze 1; Staubsammlung nach Durchströmen des Ventilators im Filter; für Möbelreinigung wird der Schlauch angeschlossen. — Abart: Beutelsauger mit rotierender Walze als Klopfvorrichtung (Wirkung umstritten).

2

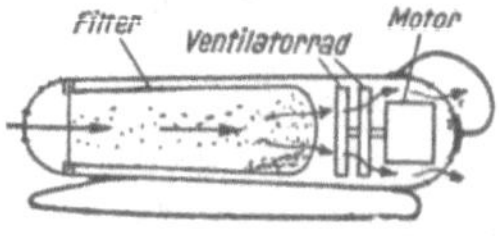

2. Der liegende Staubsauger (Beispiel Saugling) auf Rädern oder Schlitten (auch tragbar); Staubbeutel im Gehäuse, Motor dahinterliegend; Luftweg: wie Skizze 2; Staubsammlung vor Durchströmen des Ventilators im Filter.

3.

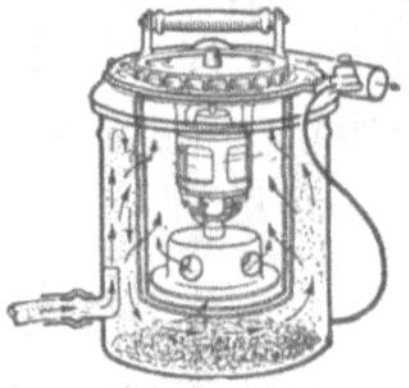

3. Der Kesselstaubsauger (Beispiel Protos) mit Staubbeutel und Motor im Kessel; Motor innerhalb des Filters; Luftweg: wie Skizze 3; Staubsammlung vor Durchströmen des Ventilators im Kessel. (Unterscheide „echte" und „unechte" Kesselstaubsauger! Bei letzteren wird der Staub wie bei System 2 im Filter gesammelt.)

Wichtig für den Staubsauger sind: leichte Handhabung, genügende Saugleistung, gute Filterung, die aber nicht die Saugleistung herabsetzen soll, und bequeme Reinigungsmöglichkeit des Filters (Filter nicht waschen!). Manche Staubsauger haben noch ein besonderes Bakterienfilter. — Zum Vergleich der Leistungsfähigkeit merke man sich: Für die Saugleistung eines Staubsaugers sind Unterdruck und Luftmenge maßgebend d. h. mit hohem Unterdruck und geringer Luftmenge erzielt man dasselbe wie mit geringem Unterdruck und großer Luftmenge.

Durch reichhaltiges Zubehör ist der Apparat vielseitig zum Saugen und Blasen zu verwenden. Einige Spezialanwendungen sind: Kleider reinigen und einmotten, Flüssigkeit zerstäuben, Insekten vertilgen usw.

Gerät	Ungefährer Anschaffungspreis RM	Ungefährer Anschlußwert Watt	Stromkosten bei einem kWh-Preis von	50 ₰	20 ₰
Staubsauger mit normalem Zubehör ...	160.—	150	1 Betriebsstunde etwa	7,5 ₰	3 ₰
			1/2 St. Staubsaugen etwa	3,7 ₰	1,5 ₰

Bohner (Blocker)

Der Bohner dient zur Fußbodenpflege, zum Reinigen und Polieren von Linoleum, Parkett, gestrichenem Holz-, Stein- und Kunstfußboden. Im wesentlichen sind zwei Systeme vorherrschend: Walzenbohner und Scheibenbohner.

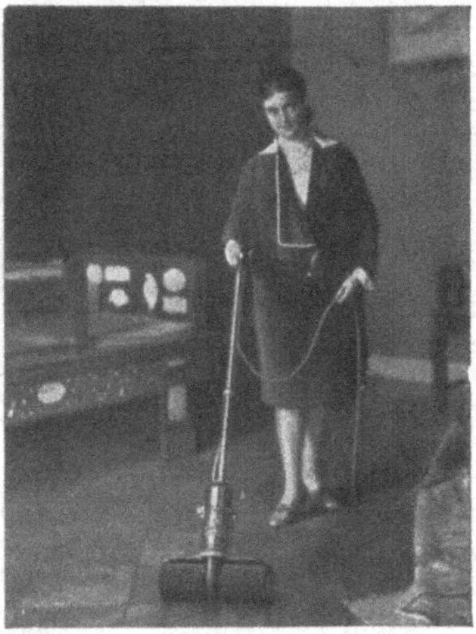

Walzenbohner.

Walzenbohner: mit zwei Walzen (Antrieb in der Mitte) oder einer Walze (Antrieb außen); die Borsten laufen mit gleicher Geschwindigkeit über den Boden und sind, wenn der Antrieb in der Mitte, bis an die Scheuerleiste heranzuführen; auch zum Abziehen von Parkett zu verwenden, wozu an Stelle der Borstenwalzen Abziehwalzen mit auswechselbarem Schleifpapier aufgesteckt werden; beim Abziehen auch mit Staubsauger zu kuppeln zur sofortigen Entfernung des Staubes.

Scheibenbohner: mit zwei oder drei kreisenden Borstentellern (Borstengeschwindigkeit verschieden); Vermeidung von Schleierbildung durch äußeren Borstenkranz; an Stelle der Borstenteller können mitunter besondere Einwachsteller aufgesteckt werden.

Scheibenbohner.

Wichtige Gesichtspunkte: Drehzahl der Borstenwalzen oder -teller und Gewicht des Apparates müssen so abgestimmt sein, daß bei leichter Führung ohne Aufdrücken gute Polierwirkung erzielt und Schleierbildung vermieden wird; bequemes Auswechseln der Walzen oder Teller.

Arbeitsvorgang: Reinigung des Fußbodens von anhaftendem Schmutz (bei Parkettfußböden eventuell mit Abziehpapier, sonst mit schmutzlösender Flüssigkeit); nach Trocknen des Fußbodens Einwachsen (etwa mit flüssigem Bohnerwachs und Lammfellwachser). Das Wachs muß genügend eintrocknen, bevor der Bohner zum Polieren in Tätigkeit tritt.

Besonders vernachlässigte Parkett- oder Holzfußböden werden vor Verwendung der Apparate zur Fußbodenpflege zweckmäßig einmal gründlich geebnet, was die weitere Behandlung wesentlich erleichtert.

Gerät	Ungefährer Anschaffungspreis *RM*	Ungefährer Anschlußwert Watt	Stromkosten bei einem kWh-Preis von	50 ₰	20 ₰
Bohner	180.—	200	1 Betriebsstunde etwa	10 ₰	4 ₰
„ m. Abziehwalzen	210.—		1/2 Std. Bohnern etwa	5 ₰	2 ₰

Nähmaschinenmotor

Der Nähmaschinenmotor nimmt die auf die Dauer anstrengende und gesundheitsschädliche Fußarbeit ab, ermöglicht bequeme Arbeitshaltung und besseres Nähen und steigert die Leistung (besonders wichtig für Heimarbeit). Er kann an jede Nähmaschine nachträglich angebracht und an jede Steckdose angeschlossen werden. Der Motor ist meist so montiert, daß er nach Gebrauch unter die Maschine geschwenkt und mit dem Schutzkasten verschlossen oder mit der Maschine versenkt werden kann.

Elektrischer Nähmaschinenantrieb mit Regelung der Stichzahl durch Fußtrittregler.

Durch einen vorgeschalteten Widerstandsregler, der entweder, wie nebenstehendes Bild zeigt, als Fußtrittregler ausgebildet oder mit der vorhandenen Fußwippe verbunden ist, läßt sich die Stichzahl vom langsamen Einzelstich bis über 1000 Stich pro Minute so feinstufig regulieren, wie es mit Fußantrieb nicht möglich ist. Dies und die Gleichmäßigkeit der Stiche ermöglichen leichte und gute Näharbeit.

Zur Schonung der beim Nähen besonders angestrengten Augen verwende man ein zweckmäßiges Nählicht oder sorge sonstwie für gute Arbeitsplatzbeleuchtung durch verstellbare Tischlampe und dergleichen.

Gerät	Ungefährer Anschaffungspreis RM	Ungefährer Anschlußwert Watt	Stromkosten bei einem kWh-Preis von	50 ₰	20 ₰
Nähmaschinenmotor mit Regelanlasser........	90.—	100	1 Std. Nähen .. etwa	5 ₰	2 ₰
Nählicht.............	9.50	25	1 Std. Brenndauer etwa	1,3 ₰	0,5 ₰

Küchenmotor

Der Küchenmotor übernimmt vor allem die anstrengende und zeitraubende Arbeit bei der Verarbeitung und Zubereitung von Lebensmitteln. Er besteht aus einem Motor mit angebautem Getriebe (Schnecken- und Zahnrad-, neuerdings auch Wälzgetriebe), das die hohe Motordrehzahl auf die für Küchenmaschinen geeignete Drehzahl von etwa 100 Umdrehungen pro Minute herabsetzt. Ein Motor genügt zum Antrieb zahlreicher Küchenmaschinen (etwa 20), die wahlweise auf die beiden Haltestangen aufgesteckt werden können. Je nach Zahl der zu versorgenden Personen gibt es verschiedene Größen von Motoren und Maschinen, von denen nachfolgend einige der gebräuchlichsten mit entsprechenden Leistungsangaben aufgeführt sind. (Die Zahlen beziehen sich auf die kleinste Type der Aufsteckmaschinen.)

Küchenmotor mit Fleischwolf.

Die Arbeitsmaschinen sind mit entsprechenden Schutzvorrichtungen versehen, z. B. Fleischwolf mit hohem Einfülltrichter. Die Küchenmotoren haben entweder Universalmotoren oder (insbesondere die größeren Typen für Gastwirts- und gewerbliche Betriebe) Gleich- oder Wechselstrommotoren.

Arbeitsmaschine	Ungefähre Leistung	Anschaffungspreis etwa *RM*
Fleisch- und Gemüsehacker	1 kg Rindfleisch in etwa 1,5 Min.	13.—
Kaffeemühle	¼ kg je nach Feinheit „ „ 2-8 „	17.—
Reibemaschine	1 kg rohe Kartoffeln „ „ 2 „	18.—
Frucht- und Saftpresse	1 kg Johannisbeeren „ „ 2 „	18.—
Durchschlagmaschine	1 kg Kartoffelbrei „ „ 2 „	27.—
Bürsten-Messerputzer	10 Messer „ „ 1,5 „	27.—
Brotschneider	30 Schnitten „ „ 1 „	24.—
Bohnenschneider	1 kg Schnittbohnen „ „ 5 „	8.—
Zitronenpresse	10 Zitronen „ „ 3 „	12.—
Kartoffelschäler u. -reiber	2 kg Kartoffeln {schälen „ „ 2 „ / reiben „ „ 6 „}	48.—
Eismaschine	2 l Eis / 4 l Eis } in 15—20 Minuten	21.— / 26.—
Kneter, Rührer und Schneeschläger (mit 3 Werkzeugen)	Knetet etwa 5 Pfd. Gebäckteig in 4—5 Min. .... Rührt bis 5 Pfd. Gebäckteig in 3—5 Min. .... Schlägt bis 1 l Eiweiß in 3—6 Min.	48.—

Gerät	Ungefährer Anschaffungspreis *RM*	Ungefährer Anschlußwert Watt	Stromkosten bei einem kWh-Preis von	50 ₰	20 ₰
Küchenmotor .... (kleinste Type mit Universalmotor)	165.—	180	1 Betriebsstunde etwa	9 ₰	3,6 ₰
			1 kg Fleisch durchdrehen ...... etwa	0,2 ₰	0,1 ₰

Waschmaschine

Die elektrische Waschmaschine übernimmt jede beschwerliche Handarbeit, verkürzt die Arbeitszeit und schont die Wäsche. Man unterscheidet im wesentlichen:

1. Waschmaschinen zum Waschen und Spülen (Bottich- oder Trommelwaschmaschinen),
2. Waschmaschinen mit Schleudervorrichtung für Waschen, Spülen und Trockenschleudern (z. B. Turbowascher).

Bei der ersten Gattung liegt die Wäsche in einem feststehenden Bottich und wird durch einen vom Motor angetriebenen Arm hin und her bewegt, oder die Wäsche liegt in einer hin und her schwingenden Trommel, die in die Waschlauge eintaucht. Trommelwaschmaschinen sind meist beheizbar. (Kohle, bei Vorhandensein genügend starker Anschlüsse – etwa 6 Kilowatt – elektrisch, bisweilen auch Gas.) Zum Trockenschleudern ist eine besondere Schleudermaschine nötig.

Turbowascher in schräger Waschstellung mit Einblick in die Waschtrommel

Beim Turbowascher kann die Wäsche während des ganzen Waschprozesses in der Maschine bleiben. Die Waschtrommel rotiert mit verschiedenen Geschwindigkeiten: in schräger Stellung mit etwa 25 Touren zum Waschen und Spülen, in senkrechter Stellung mit etwa 500 Touren zum Trockenschleudern; die Umstellung erfolgt automatisch beim Hochkippen des Kessels.

Die Waschmaschinen fügen sich in jede Waschmethode ein. Wichtig ist, wie auch beim Handwaschen: vorher gut einweichen, viel Wasser zum Spülen!

Gerät	Ungefährer Anschaffungspreis *RM*	Ungefährer Anschlußwert Watt	Stromkosten bei einem kWh-Preis von	50 ₰	20 ₰
Bottichwaschmaschine etwa ab	320.—	350	1 Std. Maschinenarbeit etwa	17,5 ₰	7 ₰
			1 Waschstunde .. etwa	12 ₰	4,8 ₰
Trockenschleuder	190.—	100	1 Std. Maschinenarbeit	5 ₰	2 ₰
			Eine Füllung trocken schleudern	0,2 ₰	0,1 ₰
Turbowascher mit Trockenschleuder ...	630.—	300	1 Std. Maschinenarbeit etwa	15 ₰	6 ₰
			Eine Füllung waschen, spülen und trocken schleudern	10 ₰	4 ₰

Waschautomat

Im Gegensatz zu den motorisch betriebenen Waschmaschinen bleibt hier die Wäsche ruhig liegen und wird von der heißen Waschlauge durchflutet. Der Waschautomat arbeitet nach dem Sprudelprinzip (vgl. Kaffeemaschine): in einem wärmeisolierten Kessel befindet sich über der Bodenheizung ein Sprudeleinsatz, durch den die darunter erwärmte Waschlauge hochgeschleudert und über die Wäsche verteilt wird. Der Waschautomat ist meist für 7- bis 8stündigen Betrieb zur Ausnutzung des billigen Nachtstroms gebaut. Die Lauge wird allmählich bis zum Kochen erwärmt. Nach etwa drei Stunden setzt das Sprudeln ein, erst stoßweise, dann immer schneller. Durch den langen Waschprozeß wird dann der Schmutz unter schonendster Behandlung der Wäsche von der durchströmenden Waschlauge gelöst und herausgewaschen. (Die Wäsche soll senkrecht geschichtet eingelegt werden, aber nicht mehr als die angegebene Menge!) Voraussetzung für gründliche Reinigung ist vorheriges gutes Einweichen. Nach dem Waschen muß die Wäsche wie üblich heiß und kalt gespült werden, am besten mit einem meist dazu gelieferten Wäschestampfer.

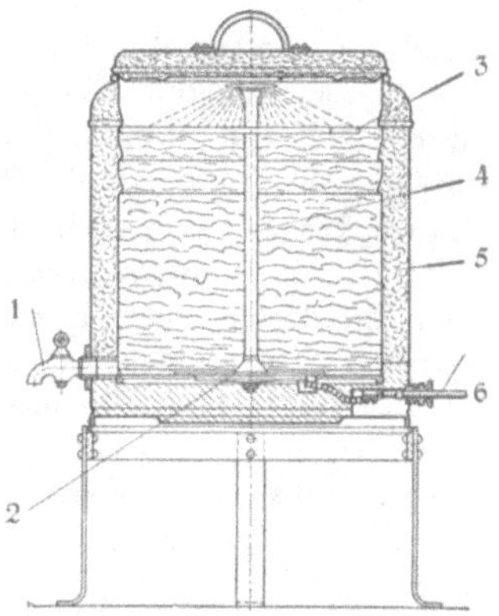

Schnitt durch einen elektrischen Waschautomaten.

1. Abflußhahn.
2. Heizelement.
3. Waschniederhalter.
4. Sprudler.
5. Wärmeisolation.
6. Anschlußleitung m. Erdungsader.

Die Apparate werden in Größen von etwa 20, 50, 100 und 200 Liter Inhalt gebaut und waschen bis etwa 4, 10, 20 und 40 kg Trockenwäsche.

In Ergänzung hierzu kann man, um das mühsame Auswringen zu vermeiden, eine Trockenschleuder (s. S. 84) oder eine Wäschepresse verwenden, was auch zur Schonung empfindlicher Gewebe ratsam ist.

Gerät	Ungefährer Anschaffungspreis *RM*	Ungefährer Anschlußwert Watt	Stromkosten bei einem kWh-Preis von	10 ₰	8 ₰
Waschautomat, 50 l	240.—	650	1 Betriebsstunde etwa	6,5 ₰	5,2 ₰
			9—10 kg Trockenwäsche waschen etwa	52 ₰	42 ₰

Bügelmaschine

Die elektrische Bügelmaschine ermöglicht bequemes und müheloses Bügeln aller Arten von Wäsche, insbesondere größerer Stücke. Vor allem eignet sie sich für gewerbliche Betriebe, Hotels, Pensionen und dergleichen.

Die Bügelmaschine ist nichts anderes als ein großes, auf den Kopf gestelltes Bügeleisen, mit dem Unterschied, daß eine feststehende, beheizte Bügelwange, die dem Bügeleisen entspricht, gegen eine rotierende, mit weichem Stoff bezogene Walze, die dem Bügelbrett entspricht, mittels Federn angepreßt wird. Die Wäsche wird am Anlegebrett glatt gelegt, zwischen Bügelwalze und Bügelwange eingeschoben und von der rotierenden Walze selbsttätig mitgenommen, wobei sie unter dem Druck der heißen Metallwange trockengebügelt wird.

Die Bedienung erfolgt bequem im Sitzen, wie das Bild zeigt, beide Hände sind zum Einlegen frei. Ein Fußhebel dient zum Niederdrücken der Bügelwange beim Einlegen dicker oder gefalteter Wäschestücke oder zum Zurückziehen etwa faltig eingelaufener Wäsche.

Breite der Walze etwa 85 cm, nach einer Seite offen, so daß auch ganz breite Wäschestücke eingelegt werden können. Die Bügelmaschine leistet besonders bei größeren Wäschestücken etwa 4- bis 5mal soviel wie ein Bügeleisen, spart vor allem die Bügelarbeit und viel Zeit.

Gerät	Ungefährer Anschaffungspreis RM	Ungefährer Anschlußwert Watt	Stromkosten bei einem kWh-Preis von	20 ₰	10 ₰
Bügelmaschine	630.—	Motor: 160 elektr. Heizg.: 3000	1 Std. bügeln etwa	64 ₰	32 ₰

Bügeleisen

Beim Bügeleisen sind folgende Gesichtspunkte wichtig: gute Verbindung zwischen Heizkörper und Sohle zur größtmöglichen Wärmeübertragung; gute Spitzenbeheizung; hochgezogene Haube mit genügendem Luftraum zur Wärmeisolierung nach oben (Griff und Anschlußteile); zweckmäßige Form der Sohle (mit abgerundeten Kanten für Stärkewäsche). – Die Sohle ist entweder blank geschliffen oder vernickelt (wird für Stärkewäsche nicht empfohlen); der Handgriff nach vorn offen (Berliner Griff) oder geschlossen (englischer und westfälischer Griff). Je nach Verwendungszweck und Ausführung unterscheidet man:

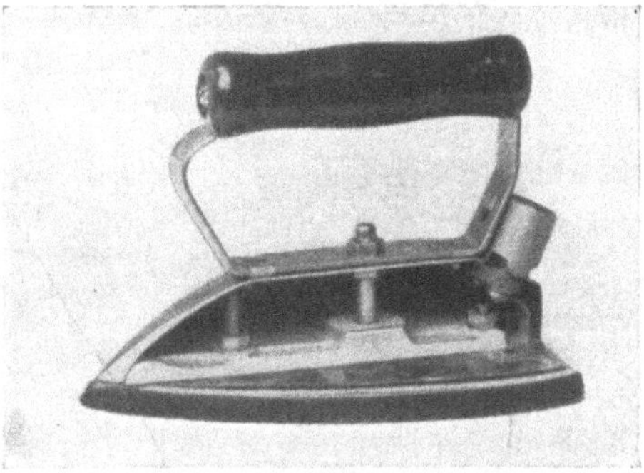

Normales Haushaltbügeleisen mit aufgeschnittener Haube.

a) Normale Haushaltbügeleisen, für leichtere Wäsche 2 bis 2,5 kg, für schwerere Wäsche 3 bis 3,5 kg.

b) Hochleistungsbügeleisen, mit eingebautem Temperaturregler, der den Strom bei etwa 250 Grad (bei einzelnen Fabrikaten kann die Abschalttemperatur je nach Belieben eingestellt werden) automatisch ab- und bei gewissen Fabrikaten beim Sinken der Temperatur wieder einschaltet. Höhere Wattaufnahme und dadurch rascheres Anheizen und Bügeln ohne Aufheizpause möglich. (Zu beachten ist, daß der Temperaturregler vor zu starker Überhitzung und Brandgefahr schützt, aber nicht vor Sengen, weil Bügeltemperatur stets höher sein muß als Sengtemperatur.)

c) Schneiderbügeleisen, besonders schwer, etwa 6 bis 8 kg.

d) Reisebügeleisen, 1,3 bis 2 kg, für verschiedene Spannungen zu verwenden.

Zweckmäßige Zubehörteile: abnehmbare Aufstellvorrichtung zum Hochkippen des Eisens (etwa 0,30 *RM.*) oder feuerfester Untersatz (etwa 1,20 *RM.*), Schnurpeitsche (gegenüber befestigen!) zum Spannen der Anschlußschnur (etwa 7,50 *RM.* mit Anschlußschnur).

Gerät	Ungefährer Anschaffungspreis *RM*	Ungefährer Anschlußwert Watt	Stromkosten bei einem kWh-Preis von	50 ₰	20 ₰
Haushaltbügeleisen 3 kg	6,50	450	1 Std. bügeln etwa	20 ₰	8 ₰
Hochleistungsbügeleisen mit Regler, 3 kg	15,—	600	1 Std. bügeln etwa	20 ₰	8 ₰
Reisebügeleisen, 1,3 kg	11,—	200	1 Std. bügeln etwa	10 ₰	4 ₰

Kühlschrank

Elektrische Kühlschränke liefern gleichmäßige und trockene Kälte. Sie arbeiten meist vollautomatisch, so daß jede Bedienung fortfällt und jederzeit die erwünschte Kühltemperatur zur Verfügung steht. Im wesentlichen unterscheidet man:

1. Kühlschränke mit Motor (Kompressorkühlschränke, s. auch Skizze). Durch einen vom Elektromotor angetriebenen Kompressor wird das Kältemittel verdichtet, im Kondensator verflüssigt und dann in einem im eigentlichen Kühlraum eingebauten Verdampfer verdampft, wodurch die Kälte erzeugt wird. (Vergleiche das Kühlen einer Flasche mit feuchtem Lappen, wobei auch die verdunstende Flüssigkeit die Kühlung bewirkt.) Das verdampfte Kältemittel wird wieder angesaugt, verdichtet und beginnt von neuem seinen Kreislauf.

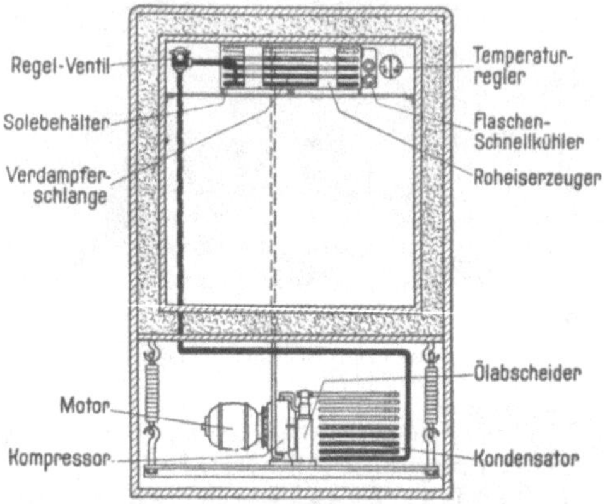

Schematische Darstellung eines Kompressorkühlschrankes.

2. Kühlschränke ohne Motor, jedoch mit elektrischer Heizung (Absorptionskühlschränke). Durch elektrische Heizung und (Luft- oder Wasser-) Kühlung werden mittels gewisser Flüssigkeiten ähnliche Prozesse durchgeführt, welche zur Kühlung führen.

Das Kältemittel wird nicht verbraucht, da es nur einen Kreislauf durchmacht. Ein einstellbarer Regler sorgt für konstante richtige Kühltemperatur um plus 5 Grad herum. In einem besonderen Behälter lassen sich Eiswürfel herstellen. Die Größe der Kühlschränke wird nach dem Nutzinhalt des Kühlraumes in Litern (= 1 cdm) angegeben.

Gerät	Ungefährer Anschaffungspreis *RM*	Ungefährer Anschlußwert Watt	Stromkosten bei einem kWh-Preis von	20 Rpf	10 Rpf
Kühlschrank, 100 l mit Motor	900,—	200	1 Betriebsstunde etwa	4 Rpf	2 Rpf
			Pro Tag (24 Std.) etwa	32 Rpf	16 Rpf

Heißwasserspeicher

Ein für Küche und Bad sehr vorteilhaftes, für vollelektrischen Betrieb unbedingt notwendiges Gerät zur Bereitung und Speicherung von warmem Wasser für den täglichen Bedarf des Haushalts. In einem zum Schutz gegen Wärmeverluste gut isolierten Behälter (Innenmantel kupferverzinnt oder stahlverzinkt, Wahl je nach Beschaffenheit des Wassers) ist unten ein auswechselbares Heizelement zur Erwärmung des Wassers eingebaut; ein Temperaturregler sorgt für Unterbrechung des Stroms, sobald das Wasser eine Temperatur von etwa 85 Grad erreicht hat. Die Speicher sind in der Regel für etwa 8stündigen Betrieb zur Ausnützung des billigen Nachtstroms eingerichtet. Gebräuchlich sind folgende drei Arten:

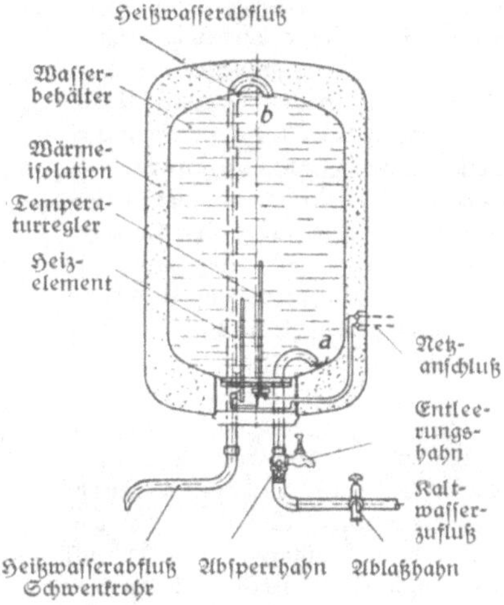

Schnitt durch einen Heißwasserspeicher.

1. *Niederdruckspeicher* (meist nur eine Zapfstelle, Verbindung mit Außenluft):
   a) *Überlaufspeicher* (s. Abb.), ständig gefüllt, bei Entnahme wird von unten (a) kaltes Wasser zugeführt, oben (b) läuft heißes Wasser ab.
   b) *Entleerungsspeicher* wird abends aufgefüllt, nachtsüber geheizt, tagsüber entleert.
2. *Hochdruckspeicher*: direkt an die Wasserleitung angeschlossen, daher für einen Wasserdruck bis zu 6 at gebaut. Das Wasser kann ohne weiteres an mehreren Zapfstellen entnommen werden.

Die Speicher werden in Größen von etwa 5 bis 2000 l gebaut. Am gebräuchlichsten sind 30, 50 und 80 l, neuerdings genormt. Zur Bestimmung der Größen dienen etwa folgende Gesichtspunkte: Küchenbedarf pro Tag und Kopf 5 bis 8 l (steigt aber häufig infolge großer Bequemlichkeit der elektrischen Heißwasserbereitung auf 8 bis 10 l), je Bad 60 bis 80 l heißen Wassers. 85° heißes Wasser ergibt dreifache Menge Badewasser von 35°. Nie erst heiß einlaufen lassen, sondern gemischt oder erst die (abgemessene) Menge Kaltwasser (höchste Wärmeersparnis). Die Erwärmung von 10 l Wasser auf 85° erfordert etwa 1 kWh.

Gerät	Ungefährer Anschaffungspreis *RM*	Ungefährer Anschlußwert Watt	Stromkosten bei einem kWh-Preis von	8 ₰	6 ₰
Heißwasserspeicher (kupferverzinnt) 30 l	170.—	440	1 Betriebsstunde (zum Aufheizen einer Füllung sind etwa 8 Std. nötig)	3,5 ₰	2,6 ₰
50 l	230.—	660		5,3 ₰	4 ₰
80 l	280.—	1000		8 ₰	6 ₰
Badeofen, stehend, 120 l	450.—	1320		10,5 ₰	7,9 ₰
(für 2 Vollbäder)			1 Vollbad ...... etwa	42 ₰	31 ₰

Kochherd

Kochherde für vollelektrischen Betrieb sind eine Vereinigung von zwei oder mehr Kochplatten verschiedener Größe und Leistung in loser oder fester Kombination mit einer Brat- und Backröhre. Die Kochplatten sind entweder zu einem Tischherd vereinigt oder auf einem besonderen Gestell untergebracht, das noch Platz für die Bratröhre bietet. Während vordem das Bratrohr meist unterhalb der Kochplatten angebracht war, wird es heute zu bequemerer Handhabung seitwärts auf gleiche Höhe gestellt. Mitunter ist auch noch eine Wärmekammer oder ein besonderer Grill eingebaut. Je nach Anzahl der Kochplatten spricht man von Zwei-, Drei- oder Vierstellen-Kochherd.

Elektrischer Kochherd mit 3 Heizplatten und oben seitlich liegender Koch-, Brat- und Backröhre mit automatischem Wärmeregler.

Bezüglich der Kochplatten gilt das gleiche wie bei den Einzelkochplatten. Sie haben einen (genormten) Durchmesser von 14,5, 18 und 22 cm und entsprechende Leistungen von 800, 1200 und 1800 Watt, jedoch auch darüber oder darunter. Jede Platte ist dreifach regulierbar, meist im Verhältnis 1 : 2 : 4, also etwa 300, 600, 1200 Watt. Näheres über die Brat- und Backröhre siehe dort.

Elektrische Herde haben in der Regel festen Anschluß.

Für mittlere Lebenshaltung ist bei elektrischem Kochen mit einem Stromverbrauch von etwa 0,7 bis 1 kWh pro Kopf und Tag je nach Personenzahl zu rechnen.

Gerät	Ungefährer Anschaffungspreis *RM*	Ungefährer Anschlußwert Watt	Stromkosten bei einem kWh-Preis von	10 ₰	—
Kochherd, m. 3 Platten u. Brat- u. Backröhre, auf Gestell .... (in einfacher Ausführung)	250.—	zusammen 5000	Versorgung einer 3köpfigen Familie pro Tag .... etwa	27 ₰	—
Kochherd bestehend aus Bratröhre und 2-Plattentischherd (lose Kombination)	150.—	3800			—

Kochplatte

Schnitt durch eine geschlossene Kochplatte mit Regelschalter.

Die Einzelkochplatte wird wegen ihres geringen Platzbedarfs mit Vorliebe im Junggesellenhaushalt verwendet. Man unterscheidet grundsätzlich:

1. Offene Glühkochplatten: mit besonders schneller und intensiver Heizwirkung, vor allem für kurzzeitige Verwendung (Setzeier u. dgl.), daher ohne Regulierung. Direkte Wärmestrahlung der nach oben hin offenliegenden Heizspiralen (nicht unbedenklich, da Berührungsmöglichkeit!). Für die offene Platte kann jeder vorhandene Topf verwendet werden.

2. Geschlossene Kochplatten: heizen durch Wärmeleitung. Die Wärme wird erst auf die (gußeiserne oder gußstählerne) Heizplatte übertragen, daher vor Aufsetzen des Topfes anheizen; guter Wirkungsgrad nur bei gut aufsitzenden Töpfen mit ganz ebenen Böden (s. o. S. 74). Meist dreistufig regulierbar: volle Leistung für rasches Ankochen, kleinere Stufen zum Weiterkochen. Ausnutzung der Nachwärme zum Warmhalten oder Geschirrvorwärmen. – Zum schnellen Bereiten von Pfannengerichten verwendet man zweckmäßig direkt beheizte Bratpfannen mit hochgezogenem Rand. Ähnlich gebaut sind auch die elektrischen Waffeleisen mit direkter Beheizung beider Hälften.

Bratpfanne.

Die Wärmestrahlung ist nach unten gut abgefangen, so daß die Kochplatten auf jeden Tisch gestellt werden können. Nach Möglichkeit sind Töpfe mit gleich großem Durchmesser zur Vermeidung von Wärmeverlusten zu verwenden. Gute Töpfe, bei denen auch nach längerem Gebrauch der ebene Boden sich nicht verzieht, sind: Thermosilit-Email-Töpfe, schweres Aluminiumgeschirr oder Geschirr aus Aluminiumlegierungen.

Gerät	Ungefährer Anschaffungspreis *RM*	Ungefährer Anschlußwert Watt	Stromkosten bei einem kWh-Preis von	20 ₰	10 ₰
Glüh-Kochplatte mit abnehmbarem Griff	12.—	600	1 Betriebsstunde etwa 4 Eier braten .. etwa	12 ₰ 3 ₰	6 ₰ 1,5 ₰
Geschlossene (Hochleistungs-)Kochplatte, 3stufig regulierbar ..	30.—	1200	1 Betriebsstunde etwa 4 Koteletts braten etwa	24 ₰ 7,2 ₰	12 ₰ 3,6 ₰
Bratpfanne mit festem Griff	14.—	900	1 Betriebsstunde etwa 2 Schnitzel braten etwa	18 ₰ 5 ₰	9 ₰ 2,5 ₰
Waffeleisen	20.—	700	1 Betriebsstunde etwa 20 Waffeln backen (mit Anheizen zirka 35 Minuten) ...... etwa	14 ₰ 8 ₰	7 ₰ 4 ₰

Brat- und Backrohr

In seiner reinen, sparsamen, automatischen Arbeitsweise ein typisch elektrisches Gerät, in runder oder rechteckiger Form, mit Ober- und Unterhitze, meist regulierbar (zusammen oder getrennt) Die Wärmeabstrahlung nach außen wird durch Isoliermantel verhindert (Isoliermasse oder wärmerückstrahlende Metallflächen mit Luftzwischenraum), daher geringster Stromverbrauch. Speisenbereitung erfolgt mit niedriger Temperatur in geschlossenem Raum, was für die Erhaltung des Nährwertes und die Schmackhaftigkeit der Speisen wichtig ist und eine erhebliche Fettersparnis zur Folge hat (s. auch S. 66). Die Überwachung des Kochvorganges erfolgt bei einigen Fabrikaten automatisch durch einen Temperaturregler, der den Strom selbsttätig ausschaltet, eventuell auch bestimmte Temperaturhöhe einhält, oder durch eine Schaltuhr, die das Ein- und Ausschalten des Stromes besorgt. Die Hausfrau ist dadurch weitgehend frei für andere Arbeiten.

Brat- und Backrohr mit Regulierschalter.

Dasselbe gilt für die elektrischen **Sparkochgeräte**, ebenfalls mit automatischer Abschaltung bzw. Temperaturregelung. Sie bestehen aus einer oder zwei Kochplatten mit darüber gestülpter Wärmehaube und arbeiten nach dem Prinzip der Kochkiste (beachte die Erläuterung im Sachwortverzeichnis). Zu erwähnen sind hier noch die kleineren Brat- und Backgeräte nach Art von Pfannen mit Boden- oder Deckelheizung (Stromküche).

Gerät	Ungefährer Anschaffungspreis *RM*	Ungefährer Anschlußwert Watt	Stromkosten bei einem kWh-Preis von	20 ₰	10 ₰
Brat- und Backrohr mit Regelschalter ...... (wie Abbildung)	75.—	1000	1 Betriebsstunde etwa	20 ₰	10 ₰
			1 Huhn braten etwa	30 ₰	15 ₰
Sparkochgerät	125.—	900	1 Betriebsstunde etwa	18 ₰	9 ₰
			1 Mahlzeit kochen für 4 Personen	6,4 ₰	3,2 ₰
Kleinküche .... (deckelbeheizt)	33.—	500	1 Betriebsstunde etwa	10 ₰	5 ₰
			1 Kuchen backen etwa	7,4 ₰	3,7 ₰

Wasserkocher

Direkt beheizte Töpfe zum Schnellkochen. Je nach Anbringung des Heizkörpers unterscheidet man ring- oder bodenbeheizte Geräte. Bei ersteren (heute nur mehr vereinzelt) ist der Heizkörper im unteren Teil der Topfwandung ringförmig fest eingelötet. Zu beachten ist hierbei, daß der ganze Heizkörper unter Wasser stehen muß. In Töpfen mit Bodenbeheizung jedoch können auch kleinste Wassermengen erwärmt werden. Das Heizelement ist hier mittels Schraube an den Boden angepreßt (s. Abb. 1) und kann ausgewechselt werden.

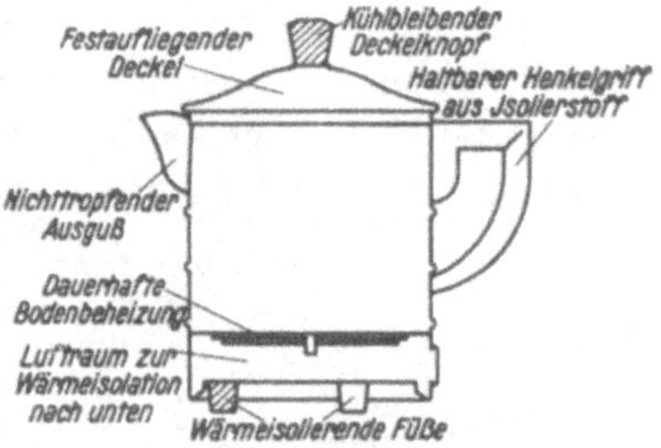

Abb. 1. Schnitt durch einen Wasserkocher mit Bodenheizung.

Einfachere Ausführung in Aluminium, bessere Qualität in Messing vernickelt, innen verzinnt. Griff und Boden wärmeisoliert. Normalgrößen 1 bis 2 l Inhalt. – Zum Reinigen nicht ins Wasser legen, sondern innen spülen, außen nur trocken abreiben!

Abb. 2. Teekanne mit hochgezogenem Teesieb.

Teemaschinen unterscheiden sich von den Wasserkochern, abgesehen von der äußeren Form, die der Verschiedenheit des Geschmackes Rechnung trägt, nur durch ein am Deckel beweglich angebrachtes Teesieb, das hochgezogen werden kann.

Daneben gibt es noch eine Reihe von elektrischen Spezial-Geräten, die in ähnlicher Weise zur Erwärmung von Flüssigkeiten dienen und ihren speziellen Zwecken entsprechend besonders ausgebildet sind, so z. B. der Milchflaschenwärmer, Eierkocher, Inhalator, Leimkocher usw.

Gerät	Ungefährer Anschaffungspreis RM	Ungefährer Anschlußwert Watt	Stromkosten bei einem kWh-Preis von	20 ₰	10 ₰
Wasserkocher 2 l ... bodenbeheizt, Messing vernickelt	20. –	600	1 Betriebsstunde etwa	12 ₰	6 ₰
			1 l Wasser kochen etwa	2,8 ₰	1,4 ₰
desgl., aber Aluminium	13. –		4 Eier kochen etwa	1,6 ₰	0,8 ₰
Teemaschine, 1,5 l ..	28.—	500	1 l Tee bereiten etwa	2,8 ₰	1,4 ₰
Eierkocher	22.—	250	4 Eier kochen etwa	1 ₰	0,5 ₰

Kaffeemaschine

Die Kaffeemaschinen arbeiten meist nach dem Sprudelsystem: am Boden des Behälters (s. Abb.) ist ein Heizkörper eingebaut und darüber ein Sprudeleinsatz gestellt, der oben am Steigrohr ein Kaffeesieb trägt. Beim Einschalten des Stromes wird die kleine Wassermenge unter dem Sprudler erhitzt, durch das Steigrohr hochgetrieben und gleichmäßig über das im Sieb befindliche Kaffeemehl verteilt, beim Durchsickern wird der Kaffee ausgelaugt, wobei das nur bis zur Siedetemperatur erhitzte Wasser nur die aromatischen Stoffe aufnimmt. Dieser Sprudelprozeß wiederholt sich erst langsam, dann immer schneller. Zur Beobachtung des Vorganges hat der Deckel einen Glaseinsatz. – Das Gefäß ist meist Messing vernickelt, innen verzinnt. Neue Maschinen sind zweckmäßig erst mit Sodawasser auszukochen und zunächst etwa 1 Stunde gründlich mit Kaffee durchzusprudeln, damit die Wandungen mit einer Kaffee-Patina überzogen wird. (Wichtig für den Wohlgeschmack!) Klagen über „Metallgeschmack" nur nach längerem Stehen an der Luft. Durch kurzes Ausbrühen zu beheben.

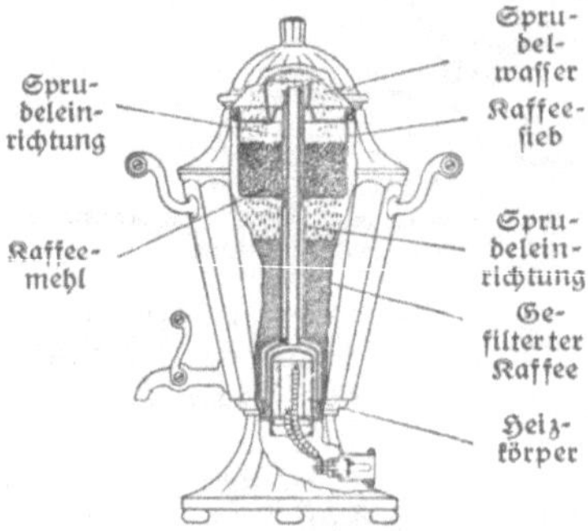

Aufbau und Arbeitsweise einer elektrischen Kaffeemaschine.

Neuerdings verwendet man auch elektrische Kaffeemaschinen, die nach Art eines Karlsbader Trichters arbeiten und auf jede Kaffeekanne an Stelle des Deckels aufgesetzt werden können oder nach einmaligem Überbrühen des Kaffees die Flüssigkeit direkt in eine danebenstehende Kanne leiten.

Zur schnellen Zubereitung kleiner Kaffeemengen dienen sogenannte Mokka- oder Expreßkaffeemaschinen.

Gerät	Ungefährer Anschaffungspreis *RM*	Ungefährer Anschlußwert Watt	Stromkosten bei einem kWh-Preis von	50 ₰	20 ₰
Kaffeemaschine, 1,25 l (Volkskaffeemasch.)	32.—	400	1 Betriebsstunde ...	20 ₰	8 ₰
			10 Tassen Kaffee bereiten .... etwa	5 ₰	2 ₰
Kaffeemaschine 1,5 l (in Zierform, siehe Abb.)	55.—	400			

Tauchsieder

Der Tauchsieder dient zum schnellen Bereiten von kleinen Mengen heißen Wassers (Rasier-, Mundwasser u. dgl.) und von Getränken in jedem beliebigen Gefäß. Der Heizkörper ist wasserdicht abgeschlossen und gibt nahezu ohne Verluste seine ganze Wärme an die Flüssigkeit ab. Bei Gebrauch ist zu beachten: erst eintauchen, dann einschalten, vor Herausnehmen abschalten. – Größere Ausführungen (500 W, 1000 W) auch sehr beliebte Hilfsmittel elektrischer Küchen ohne Heißwasserspeicher (völlig freie Wahl des Topfes oder der Kanne, darin Wasser gekocht werden soll). Wer viel reist, verwendet zweckmäßig einen Tauchsieder für 2 Spannungen (110 und 220 V).

Brotröster

Mit dem elektrischen Brotröster kann man je nach Bedarf auch zu Tisch in bequemer und appetitlicher Weise Brotscheiben in beliebigem Grade rösten. Schieber oder Kippvorrichtung dienen zum Wenden des Brotes.

Wärmplatte

Dient zum Warmhalten von Speisen, Tellern und Getränken auf dem Eßtisch. Die Oberflächentemperatur ist so abgestimmt, daß beispielsweise ein Anbrennen der Speisen nicht eintreten kann. Neben den Wärmplatten, die bei Gebrauch eingeschaltet bleiben, gibt es auch sogenannte Speicherwärmeplatten, die vor Gebrauch aufgeheizt werden.

Gerät	Ungefährer Anschaffungspreis RM	Ungefährer Anschlußwert Watt	Stromkosten bei einem kWh-Preis von	50 Rpf	20 Rpf
Tauchsieder	8.—	300	1 Betriebsstunde etwa	15 Rpf	6 Rpf
			Rasierwasser warmmachen ...... etwa	0,7 Rpf	0,3 Rpf
Brotröster mit Wendevorrichtung .... (wie Abbildung)	16.—	500	1 Betriebsstunde etwa	25 Rpf	10 Rpf
			2 Scheiben Brot rösten etwa	1 Rpf	0,4 Rpf
Wärmplatte .... (wie Abbildung)	13.—	50	1 Betriebsstunde etwa	2,5 Rpf	1 Rpf
			¼ Std. Speisen warmhalten .... etwa	0,7 Rpf	0,3 Rpf
Wärmplatte größere Ausführung	35.—	250	1 Betriebsstunde etwa	12,5 Rpf	5 Rpf
			¼ Std. Speisen warmhalten .... etwa	3,2 Rpf	1,2 Rpf

Raumheizung

Die elektrische Raumheizung beschränkt sich aus Gründen, die weiter unten angeführt sind, im allgemeinen vorerst nur auf Einzelplatzbeheizung, hat aber gerade hierin ihre besonderen Vorteile, da die Apparate nur solange Wärme abgeben, als benötigt wird und überall aufgestellt werden können. Das gilt vor allem für die Wärmestrahler für Einzelplatzbeheizung in der Übergangszeit und Zusatzheizung in den Wintermonaten. Strahlsonnen haben nur eine Heizspirale, Strahlöfen zwei oder mehr, die einzeln oder zusammen eingeschaltet werden können. Die Heizspiralen sind gegen zufällige Berührung durch ein Gitter geschützt. Die Wärme wird durch entsprechend geformte Metallschirme, die innen verkupfert oder vernickelt sind, reflektiert und nach einer Richtung hin ausgestrahlt. — Strahlöfen genügen eventuell auch für den Wärmebedarf kleiner Räume in der Übergangszeit. Zur Beheizung von Baderäumen verwendet man neuerdings je nach Raumgröße 2 bis 3 an der Wand festmontierte Heizsonnen. In Verkaufsräumen, z. B. in Metzgerläden, wo nur die Füße erwärmt werden sollen, sind Fußwärmeplatten angebracht.

Abb. 1. Strahlsonne.

Für die vollständige Beheizung von Wohnräumen sind Heizöfen mit größeren Leistungen notwendig (nur wirtschaftlich bei besonders niedrigen Strompreisen, wie sie nur wenige Werke unter gewissen Bedingungen gewähren können). Zur Bestimmung der Größe rechnet man z. B. bei einem Temperaturunterschied von 20° mit 40 bis 50 Watt pro cbm Raum. Solche Heizöfen bestehen aus einem von einem Schutzkasten umgebenen Heizrahmen mit großen Heizspiralen, oder sind als Radiophoren oder Speicheröfen (zur Ausnutzung des billigen Nachtstromes) ausgebildet. — Besondere Ausführungsformen für Kirchen, Bahnen, Schulen, Garagen usw.

Abb. 2. Strahlofen mit 2 Heizspiralen.

Gerät	Ungefährer Anschaffungspreis *RM*	Ungefährer Anschlußwert Watt	Stromkosten bei einem kWh-Preis von	20 ₰	10 ₰
Strahlsonne .... (wie Abbildung 1)	15. —	500	1 Std. Wärmestrahlung etwa	10 ₰	5 ₰
Strahlofen mit 2 Heizkörpern .... (regulierbar; wie Abbildung 2)	25. —	1000	1 Std. Platzbeheizung etwa	20 ₰	10 ₰
Heizofen .... (regulierbar)	40.—	2000	1 Std. Vollheizung für mittleren Wohnraum (50 cbm) .... etwa	—	20 ₰

Heizkissen

Unentbehrlich bei der Kranken- und Säuglingspflege. Angenehme, örtliche Wärmebehandlung bei Erkältungen, rheumatischen Schmerzen usw. Auf absolute Sicherheit ist größter Wert gelegt. Die Heizspiralen sind eingenäht, damit sie sich nicht verschieben können, und bestehen aus einem Material (Konstantan), das gegen mechanische Beanspruchung weniger empfindlich ist (trotzdem ist Knicken nach Möglichkeit zu vermeiden). Bei regelbaren Kissen wird die Wärme durch einen dreistufigen Schalter auf etwa 55, 65 oder 75 Grad eingestellt, außerdem bei gewissen Fabrikaten durch einen Temperaturregler, der den Strom bei der eingestellten Temperatur abschaltet, selbsttätig eingehalten. Diese Heizkissen können an alle Spannungen von 100 bis 240 Volt angeschlossen werden, der Gesamtstromverbrauch ist infolge des Reglers bei allen Spannungen derselbe (etwa 0,04 kWh in der Stunde). Zur weiteren Sicherheit ist noch eine Schmelzsicherung eingebaut. Kleinere Heizkissen (in Folio-Format) haben nur einen Regler, der die Temperatur auf 60 bis 70 Grad hält, und eine Schmelzsicherung. — Für Trockenbehandlung besteht der Überzug aus waschbarem Leinen, für Naßbehandlung aus Gummi oder Billrothbatist, für Behandlung von Rheuma zweckmäßig aus Katzenfell.

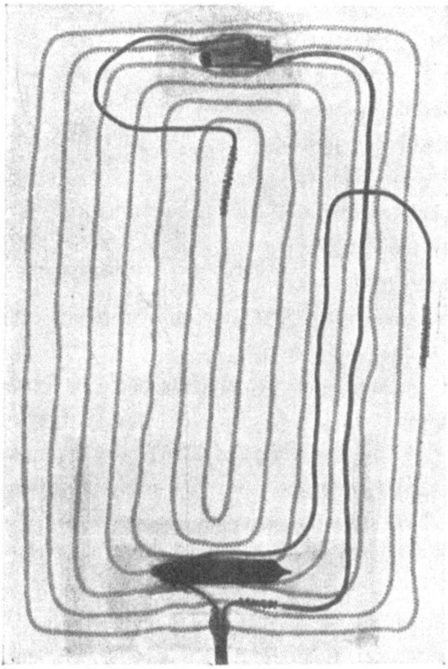

Röntgenaufnahme eines Folio-Heizkissens mit Temperatur-Regler (unten) und Schmelzsicherung (oben)

Heizteppiche zum Wärmen der Füße sind ähnlich gebaut, haben aber wesentlich geringere Wärmeentwicklung, daher keine Regulierung nötig, nur Schmelzsicherung.

Gerät	Ungefährer Anschaffungspreis *RM*	Ungefährer Anschlußwert Watt	Stromkosten bei einem kWh-Preis von	50 ₰	20 ₰
Heizkissen, 30 — 40 cm mit 3stufigem Schalter	25.—	je nach Spannung 40—160	1 Std. Heizkissen benutzen (etwa 0,04 kWh)	2 ₰	0,8 ₰
Heizkissen, 25 × 35 cm ohne Schalter	15.—		1 Std. Heizkissen benutzen (etwa 0,03 kWh)	1,5 ₰	0,6 ₰
Heizteppich 40 × 60 cm	55.—	80	1 Std. Fußwärmen etwa	4 ₰	1,6 ₰

Warmlufterzeuger

Abb. 1 Haartrockner.

Zur Warmlufterzeugung benützen wir im wesentlichen 2 Geräte:

1. Haartrockner, bestehend aus: (Universal-) Motor mit Flügelrad im Gehäuse zur Erzeugung des Luftstromes und Heizspirale im Blasrohr zur Erwärmung der durchströmenden Luft. Meist mit zweistufigem Schalter – kalt und warm –, zur schnellen Umstellung häufig vor- und rückwärts schaltbar. Schaltung 1: Motor allein – Kaltluft; Schaltung 2: Motor und Heizung – Warmluft. Gehäuse meist aus vernickeltem Messingblech, neuerdings auch aus Isolierstoff.

Außer zum Haartrocknen auch zum Trocknen kleiner Wäschestücke (für Strümpfe besondere Strumpfhalter) und Photoplatten sowie zur Warmluftbehandlung bei Rheumatismus usw. zu verwenden.

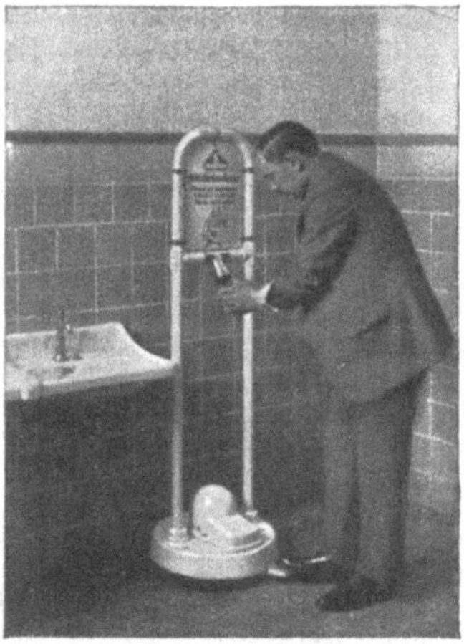

Abb. 2. Händetrockner.

2. Händetrockner, die auf gleichem Prinzip beruhen. In kleinen Ausführungen an der Wand anzubringen, in größeren Ausführungen (für Hotels und dergleichen) stehend (s. Abb. 2); Bedienung durch Fußhebelschalter. Vorteil: Vermeidung unhygienischer und unsauberer Handtücher (Gasthöfe usw.); die oft als Nachteil empfundene Zeitdauer ist meist nur unerheblich länger als bei Handtüchern.

Gerät	Ungefährer Anschaffungspreis *RM*	Ungefährer Anschlußwert Watt	Stromkosten bei einem kWh-Preis von	50 ₰	20 ₰
Haartrockner	25.–	500	1 Betriebsstunde etwa	25 ₰	10 ₰
			¼ Std. Haartrocknen etwa	2,4 ₰	6 ₰
Händetrockner .... (große Type für Hotels usw.)	198.—	1200	1 mal Händetrocknen etwa	0,5 ₰	0,2 ₰

Ventilator

Der Ventilator sorgt für angenehme Kühlung im heißen Sommer und bewirkt rasche Umwälzung und Erneuerung der Luft in geschlossenen Räumen. Je nach Verwendungszweck unterscheidet man verschiedene Ausführungen.

Bei den einfachen Tischventilatoren mit kleinerem Flügeldurchmesser ist der Motor mit Propeller auf dem Fuß fest angeordnet. Ein Drahtkorb schützt vor Berührung der Flügel. Am Fuß ist meist ein Regler eingebaut, der zwei- oder dreistufige Geschwindigkeitsregulierung gestattet.

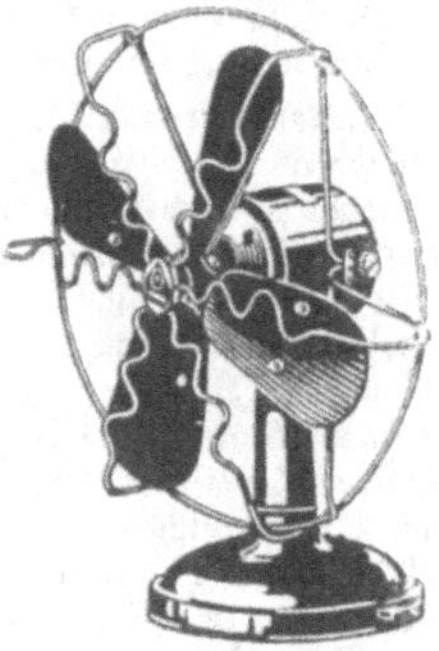

Tischventilator

Bei den Gelenkventilatoren, die als Tisch- oder Wandfächer ausgebildet sind, ist der Motor mit Flügelrad gegen den Fuß verstellbar und mitunter auch um die vertikale Achse schwenkbar, so daß der Luftstrom nach allen Seiten hin gerichtet werden kann.

Oszillierende Ventilatoren, die besonders in Gasthäusern u. dgl. verwendet werden, haben eine selbsttätige Schwenkvorrichtung, durch die der Luftstrom, etwa sechs- bis achtmal in der Minute hin und her schwingend, einen Winkel von etwa 90 Grad beschreibt.

Zur Entlüftung von Räumen, in denen infolge von Rauch- oder Dampfentwicklung ein Abzug der Luft bei geschlossenen Fenstern erwünscht ist, verwendet man Wandringventilatoren, die zweckmäßig in ein Oberfenster eingebaut werden.

Im Winter verhindert der Ventilator, vor ein Fenster (Schaufenster!) gestellt, das Zufrieren der Scheibe (Eisblumen usw.), indem er die Luft in Bewegung hält und dadurch die kalte Luft fortlaufend verdrängt.

Größe	Ungefährer Anschaffungspreis *RM*	Ungefährer Anschlußwert Watt	Stromkosten bei einem kWh-Preis von	50 Rpf	20 Rpf
Tischventilator ohne Gelenk .... (200 mm Flügelraddurchmesser)	30.—	25	1 Betriebsstunde etwa	1,2 Rpf	0,5 Rpf
			½ Std. Kühlung etwa	0,6 Rpf	0,3 Rpf
Ventilator mit selbstt. Schwenkvorrichtung (300 mm Flügelraddurchmesser)	70.—	40	1 Betriebsstunde etwa	2 Rpf	0,8 Rpf
Wandringventilator ohne Verschluß .... (300 mm Flügelraddurchmesser)	42.—	40	1 Betriebsstunde etwa	2 Rpf	0,8 Rpf
			½ Std. Entlüften etwa	1 Rpf	0,4 Rpf

Leuchtgerät

Gute Arbeit kann nur bei gutem Licht geleistet werden. Das ist für Steigerung der Arbeitsleistung und Schonung der Augen und Kopfnerven von größter Bedeutung. Die Wohnraum- und Schmuckbeleuchtung (Effektbeleuchtung) ist im allgemeinen eine Geschmacksfrage, über die sich streiten läßt. Aber die zweckmäßige Beleuchtung der Arbeitsstätten der Hausfrau gehört genau so zu den Aufgaben der Rationalisierung des Haushalts wie die Erleichterung der Arbeit durch den Küchenmotor oder den Heißwasserspeicher.

Grundsatz: ausreichende Allgemeinbeleuchtung und besondere Arbeitsplatzbeleuchtung. Für die allgemeine Beleuchtung verwendet man zweckmäßig eine der modernen Leuchten, die besonders im Hinblick auf gute Lichtverteilung und leichte Sauberhaltung konstruiert sind. Für Küche und Bad sind wasserdichte Ausführungen am Platze. Die Arbeitsplatzbeleuchtung erfolgt entweder durch festmontierte Wandlampen, z. B. über Herd und Abwaschtisch, oder durch bewegliche Ständerlampen, die zum Lesen, Hand- und Maschinennähen und anderen Arbeiten verwendet werden können. Nicht zu vergessen ist auch die ausreichende Beleuchtung von Nebenräumen, die ja meist sehr vernachlässigt wird. In jedem Fall, besonders aber in Arbeitsräumen, ist auf blendungsfreies Licht und Vermeidung von scharfen Schlagschatten zu achten. Für die genügende Beleuchtungsstärke gibt nachstehende Tabelle einen gewissen Anhaltspunkt.

Kugelleuchte.

Tabelle der erwünschten mittleren Beleuchtungsstärken in Lux.[1])

Beleuchtung für	In Fabriken und gewerblichen Räumen	In Wohnungen und Aufenthaltsräumen	Bei allgemeiner Beleuchtung
			Lux
Verkehr	Nebenräume, Lagerräume u. dgl.	Keller, Boden, Treppen u. dgl.	20
Grobe Arbeit	Walzwerke, Schmiede u. dgl.	Waschküche u. dgl.	30
Mittlere Arbeit	Schlosserei, Tischlerei u. dgl.	Küche, Bad, Schlafzimmer u. dgl.	60
Feine Arbeit	Feinmechanik Kaufm. Büros Verkaufsräume u. dgl.	Wohnzimmer, Arbeitsraum, (Lesen, Schreiben, einfache Arbeit u. dgl.)	80
Feinste Arbeit	Uhrmacher- und Graveurarbeit, Druckerei, Zeichensäle u. dgl.	Nähen von dunklen Stoffen, schwierige und feinste Handarbeiten u. dgl.	150

[1]) Nach den Leitsätzen der Deutschen Beleuchtungstechnischen Gesellschaft. Mit „Lux" mißt man die am Arbeitsplatz vorhandene Beleuchtungsstärke. Die dafür erforderliche Beleuchtungsenergie, d. h. die Wattzahl der Lampe, hängt von der Größe und Beschaffenheit des Raumes ab. Wegen Bestimmung der richtigen Lampen wende man sich an den Fachmann.

Sachwortverzeichnis

Druck der Deutschen Verlags-Anstalt, Stuttgart

FSC
www.fsc.org
MIX
Papier | Fördert
gute Waldnutzung
FSC® C083411

Kolibri 360 GmbH
Ferdinand-Jühlke-Straße 7
99095 Erfurt, Deutschland
produktsicherheit@kolibri360.de